中等职业学校示范校建设成果教材

机械零件数控车削加工

主　编　胡　勇
副主编　郑颂波　王光全　何海兵
主　审　邬　疆

机械工业出版社

本书以就业为导向，以数控车工工作岗位为基础，以“做中学，学中做”为指导思想，介绍了数控车加工的工作任务分析、加工工艺拟订、加工程序编制，以及机床的操作与加工等整个生产流程。编者通过企业实践和与企业专家探讨，选取生产中常见的零件结构来编制学习任务，强调对学生编程与实际操作能力的培养，内容清晰、直观、易懂。

本书主要内容包括安全生产与设备保养、传动轴的加工、锥度轴的加工、发动机带轮的加工、成形面零件的加工、连接螺栓的加工、综合零件的加工。本书配有任务工单，独自成册，附夹于书中。

本书可作为中等职业技术学校数控技术应用专业和机电、模具、机械制造等专业的教学实训用书，也可供从事相关工作的工程技术人员参考，还可作为数控车工中级工培训教材。

图书在版编目（CIP）数据

机械零件数控车削加工/胡勇主编. —北京：机械工业出版社，2014.8
中等职业学校示范校建设成果教材
ISBN 978-7-111-46710-6

Ⅰ.①机… Ⅱ.①胡… Ⅲ.①机械元件-数控机床-车床-车削-中等专业学校-教材 Ⅳ.①TH13②TG519.1

中国版本图书馆CIP数据核字（2014）第099449号

机械工业出版社（北京市百万庄大街22号 邮政编码100037）
策划编辑：王佳伟 责任编辑：王佳伟 王海霞
责任校对：刘秀芝 封面设计：马精明
责任印制：李 洋
北京华正印刷有限公司印刷
2014年9月第1版第1次印刷
184mm×260mm · 8.5印张 · 201千字
0 001—1 500册
标准书号：ISBN 978-7-111-46710-6
定价：26.00元

凡购本书，如有缺页、倒页、脱页，由本社发行部调换

电话服务
社服务中心：（010）88361066
销售一部：（010）68326294
销售二部：（010）88379649
读者购书热线：（010）88379203

网络服务
教材网：http://www.cmpedu.com
机工官网：http://www.cmpbook.com
机工官博：http://weibo.com/cmp1952
封面无防伪标均为盗版

前　言

数控车削加工作为一种常用的零件加工技术，在产品的研发、生产中得到了广泛的应用。机械零件数控车削程序的编制是数控车床操作工、数控工艺员的典型工作任务，是数控技术技能型人才必须掌握的技能，也是中职数控技术应用、机械、模具类专业的一门重要的骨干专业课程。

本书具有以下特点：

1）本书以就业为导向，以国家职业标准中级数控车工考核要求为依据。

2）在结构上，从中职学校学生的基础能力出发，遵循专业技能由初学者到专家的形成规律，根据数控车床加工元素的特征划分教学情境，按照由简单到复杂的顺序，设计一系列与企业生产息息相关的情境，使学生在情境的引领下实现在“做中学，学中做”的指导思想，避免理论教学的枯燥及其与实践教学的脱节。

3）在形式上，通过【学习目标】、【任务引入】、【任务分析】、【任务实施】、【知识拓展】等形式，引导学生明确各情境的学习目标，学习与情境相关的技能和知识，并适当拓展相关知识，提高学习效率。

4）在使用上，通过学生在生产实践中观察加工现象，引起学生对加工现象的思考，从而激发对数控加工理论学习的兴趣，具体操作方法可参考本书参考文献［5］，实现在快乐中学习。

本书由重庆市工业学校胡勇任主编，郑颂波、王光全、何海兵任副主编，参加编写的有重庆市工业学校叶川、冯丹、唐冬、陈刚，重庆瑞生机械厂有限公司欧阳渝生。全书由郑颂波负责统稿工作。

职业教育课程改革教材的编写是一项全新的工作，由于没有成熟经验借鉴，也没有现成模式套用，尽管我们尽心竭力，但遗憾在所难免，敬请读者指正。

编　者

目　录

情境一　安全生产与设备保养

任务1　安 全 生 产

学习目标

1. 学习企业安全文明生产制度，自觉遵守安全操作规程。
2. 了解数控车床设备日常维护保养内容。

任务引入

一、事故经过

1. 20 世纪 90 年代初的一个夏天，重庆某国有企业机加工车间一位工人操作车床加工长轴，用锉刀锉削工件时，衣服被工件缠绕到车床中，造成右手骨折，上衣被工件撕毁，如图 1-1 所示。

图 1-1　机械加工伤害

2. 1982 年 7 月的一天，广东省某厂机加工车间一位年轻女工在操作车床时，因电风扇吹向人，辫子被车床丝杠缠绕，结果辫子连带着部分头皮一起被拔出，导致头发再也不能生长，悔恨终身。

3. 1985 年 12 月，上海轻工系统的一家工厂，一名男技术工人操作车床时，因戴手套操作，手套被夹具装置的螺钉钩住，致使该工人身体贴着车床夹具装置，胸部严重受伤，失血过多，当场死亡。

二、事故原因

车工安全操作规程规定：操作机床时要穿好工作服，袖口要扎紧；女同志要戴安全帽，将发辫纳入帽内；不准戴手套操作机床等。由前文的事故可见这些简单的要求在机床操作中的重要性。造成事故的原因都是操作者在工作中不注意细节，一个小的疏忽，就能造成巨大的损失。

三、防范措施

以上事故案例说明：安全意识淡薄、思想麻痹大意、违章作业带来的是一幕幕血的教训，哪怕只是小小的疏忽，都可能让操作者的生命受到伤害。为此，应采取如下防范措施：

1）严格按章作业，杜绝“马乎，凑乎，不在乎”“看惯了，干惯了，习惯了”思想。

2）操作中应佩戴好劳动保护用具，女同志要戴安全帽，将发辫纳入帽内。

3）加强专业技能培训，提升责任心和业务技能。

任务分析

图1-1所示为一工人不按照安全要求，穿着宽松的衣物操作车床，造成衣物被卷入机床而导致安全事故的发生。根据数控车床的加工特点，本任务的要求如下：

1）对工人的着装、仪容仪表的安全要求。

2）对加工场地的安全要求。

3）对设备加工前的准备、加工中、加工后的安全要求。

任务实施

到实习车间观察，了解机械加工车间的布置、设备及加工情况，分条列出在实习车间应如何规范生产、保证安全，设备应如何保养，场地清洁卫生应如何保持，并填入表1-1。

表1-1　安全规范要求

1. 如何规范生产
2. 如何保证人身和设备安全
3. 如何进行设备保养
4. 如何保持场地清洁卫生

知识拓展

一、数控车间管理7S原则

（1）1S：整理　区分要与不要的东西，工作场地中除了要用的东西以外，一切都不放置。目的是将空间腾出来，充分利用。

（2）2S：整顿　要的东西依规定定位、定方法摆放整齐，明确数量，明确标示。目的是不浪费时间找东西。

（3）3S：清扫　清除工作场地内的脏污，并防止污染的发生。目的是消除脏污，保持工作场地清洁。

（4）4S：清洁　将以上3S实施的做法制度化、规范化，维持其成果。目的是通过制度

化来维持成果。

（5）5S：素养　培养文明礼貌习惯，按规定行事，养成良好的工作习惯。目的是提升人的品质，使员工成为对任何工作都讲究效果并认真执行的人。

（6）6S：安全　防火、防盗、防电、防毒、通风，保护个人及公司财产、人身安全。目的：控制风险，保证身心健康。

（7）7S：节约　对办公耗材、水、电等物尽其用，尽量节约，杜绝浪费行为。目的是降低办公成本，聚沙成塔，提高公司效益。

二、车间纪律及注意事项

1. 车间纪律要求

1）实习过程中既要注意人身安全，也要注意设备安全。

2）不准迟到、早退，未经教师的同意不得离开实习车间。

3）不准在实习车间打闹和高声喧哗。

4）未经教师的同意，不能随意操作实习车间的其他设备。

5）实习过程中，学生不能带光盘或其他设备在计算机上操作。

6）实习过程中，严格按规程进行操作，不得违反规程。

7）实习过程中，若发生异常情况，须及时按下急停按钮并报告教师，不能自行处理以免事故继续扩大。

8）实习过程中要胆大心细，积极动手、积极思维。

2. 开机前的准备工作

1）工作时正确穿戴好劳动保护用品，禁止戴手套操作机床。

2）注意不要移动或损坏安装在机床上的警告标牌。

3）开机前应对数控车床进行全面细致的检查，包括操作面板、导轨面、卡爪、尾座、刀架、刀具等，确认无误后方可操作。

4）机床通电后，检查各开关、按钮和按键是否正常、灵活，机床有无异常现象，认真检查润滑系统、液压系统工作是否正常。开机预热机床10～20min后，进行回零操作。

5）使用的刀具应与机床允许的规格相符，有严重破损的刀具要及时更换。

6）调整所用工具不要遗忘在机床内，应放回规定的位置。

7）检查大尺寸轴类零件的中心孔是否合适，中心孔如太小，则工作中易发生危险。

8）检查卡盘是否夹紧。

9）刀具安装好后应进行试切削。

10）机床开动前必须关好机床防护门。

11）程序输入后，应仔细核对代码、地址、数值、正负号、小数点及语法是否正确。

12）正确测量和计算工件坐标系，并对所得结果进行检查；操作机床面板时，只允许单人操作，其他人不得触摸按键。

13）输入工件坐标系，并对坐标、坐标值、正负号、小数点进行认真核对，确认无误后方可输入。

14）程序修改后，要对修改部分进行仔细核对。

15）试切时，快速倍率开关必须置于较低挡位。

16）试切进给时，在刀具运行至距工件10～20mm处，必须在进给保持状态下，验证Z

轴和 X 轴坐标剩余值与加工程序是否一致。

17）未装工件前空运行一次程序，看程序是否能顺利运行，刀具和夹具安装得是否合理，有无超程现象。

18）必须在确认工件夹紧后才能起动机床，严禁在工件转动时测量和触摸工件。

3. 加工过程中的安全注意事项

1）禁止用手接触刀尖和切屑，切屑必须用铁钩子或毛刷清理。

2）禁止用手或其他任何方式接触正在旋转的主轴、工件或其他运动部位。

3）车床运转中，操作者不得离开岗位，机床发生异常现象要立即停车，及时报告教师或专业维修人员。

4）紧急停机后，应重新进行机床回零操作，才能再次运行程序。

5）经常检查轴承温度，温度过高时应找有关人员进行检查。

6）加工过程中不允许打开机床防护门。

7）严格遵守岗位责任制，机床由专人使用，他人使用时须经本人同意。

8）工件伸出车床卡盘 100mm 以上时，须在伸出位置设防护物。

9）操作中出现工件跳动、振动、发出异常声音、夹具松动等异常情况时必须停机处理。

10）刃磨或更换刀具后，要重新测量刀具位置并修改刀补值和刀补号。

4. 停机后的注意事项

1）更换工件时，注意将刀具移到安全距离，并停止机床运转。

2）用棉布拿刚加工的零件，不得直接用手拿或用量具夹持加工完的零件，避免工件烫手或损坏量具。

3）工件加工完毕应做好场地清洁，并关闭电源。

任务 2　数控车床的日常维护与保养

学习目标

1. 抄写数控车床日常维护与保养的内容。
2. 完成设备的日常保养工作。

任务实施

到实习车间观察，了解数控车床日常维护与保养情况，分条列出数控车床开机前应检查什么，如何保证数控车床的正常使用寿命，如何进行数控车床的保养，如何进行工作场地环境保养，并填入表 1-2。

表 1-2　数控车床的日常维护与保养

1. 数控车床开机前应检查什么
2. 如何保证数控车床的正常使用寿命

（续）

3. 如何进行数控车床的保养
4. 如何进行工作场地的环境保养

知识拓展

数控车床操作人员要严格遵守操作规程和机床日常维护和保养制度，严格按机床和系统说明书的要求正确、合理地操作机床，尽量避免因操作不当影响机床使用寿命。数控车床日常维护与保养的内容和要求见表1-3。

表1-3　数控车床日常维护与保养的内容和要求

序号	检查周期	检查部位	检查内容和要求
1	每天	导轨润滑油箱	检查油标、油量，及时添加润滑油，保证润滑泵能及时起动及停止
2	每天	X、Z 轴导轨面	清除切屑及脏物，检查润滑油是否充足，导轨面有无划伤、损坏
3	每天	压缩空气源	检查气动控制系统压力，应在正常范围内
4	每天	气源自动分水过滤器、自动空气干燥器	及时清理分水器中滤出的水分，保证自动空气干燥器正常工作
5	每天	气动转换器和增压器油面	发现油面低时，及时补油
6	每天	主轴润滑恒温油箱油量	工作正常，油量充足，工作范围合适
7	每天	液压平衡系统	平衡压力指示正常，快速移动时，平衡阀工作正常
8	每天	机床液压系统	油箱、液压泵无异常噪声，压力表指示正常，管路及各接头无泄露，工作油面高度正常
9	每天	电气柜各散热通风装置	各电气柜冷却风扇工作正常，风道过滤网无堵塞
10	每天	CNC 输入/输出装置	检查 I/O 设备是否清洁，机械结构润滑是否良好等
11	每天	各种防护装置	导轨、机床防护罩等应无松动、漏水
12	每周	各电气柜过滤网	清洗各电气柜过滤网
13	不定期	冷却油箱、水箱	随时检查液面高度，及时添加油或水，太脏时需要更换、清洗油箱、水箱和过滤器
14	不定期	废油池	及时取走存集的废油，避免溢出
15	不定期	排屑器	经常清理切屑，检查有无卡住现象等
16	不定期	检查主轴驱动带	按说明书要求调整带松紧程度，若带破损应及时更换

（续）

序号	检查周期	检查部位	检查内容和要求
17	不定期	检查各轴导轨上镶条、压紧滚轮	根据机床说明书调整松紧状态
18	每半年	滚珠丝杠	清洗丝杠上旧的润滑脂，涂上新润滑脂
19	每半年	液压油路	清洗溢流阀、减压阀、过滤器、油箱，更换或过滤液压油
20	每一年	主轴润滑恒温油箱清洁	清洗过滤器，更换润滑油
21	每一年	换向器	检查换向器表面，吹净炭粉，去除毛刺，更换长度过短的电刷
22	每一年	润滑油泵、过滤器	清理润滑油池底，更换过滤器

情境二　传动轴的加工

分析图2-1所示汽车变速箱结构图，指出图中哪些零件是由圆柱面构成或由具有圆柱面的轴加工而成的。查阅资料（如教科书、网络、汽车结构相关教材等）了解各零件是如何加工成圆柱面的，以及用什么方法将圆柱面加工成图示的外形。

图2-1　汽车变速箱结构图

根据观察，完成表2-1。

表2-1　汽车变速箱结构

序号	由圆柱面构成或由具有圆柱面的轴加工而成的零件	零件是如何加工成圆柱面的	用什么方法将圆柱面加工成图示的外形
1			
2			
3			
4			

任务1　短圆柱的加工

学习目标

1. 遵守企业安全文明生产制度，遵守安全操作规程。

2. 完成设备的日常保养工作。
3. 完成数控车床的基本操作，包括车床上电、数控系统的使用等。
4. 完成刀具的安装。
5. 完成刀具的对刀操作。
6. 完成简单外圆的加工。

任务引入

如图 2-1 所示，汽车上很多零件的表面都是由圆柱面加工而成的；如图 2-2 所示的定位销，它的用途是实现两零件间的定位。因此，学会圆柱面的车削加工方法，就能够完成汽车、摩托车等的一些零件的部分加工内容。

任务分析

通过加工图 2-2 所示的圆柱定位销零件，了解数控加工中由零件图样要求加工成零件的整个生产过程。

图 2-2 圆柱定位销

1）仔细阅读零件图样，进行加工工艺分析和工艺准备，编写零件的工艺文件（工艺卡片、刀具卡片），编制零件加工程序并进行加工。

2）在规定的时间内，按零件图（图 2-3）的要求完成短圆柱零件的数控车削加工。

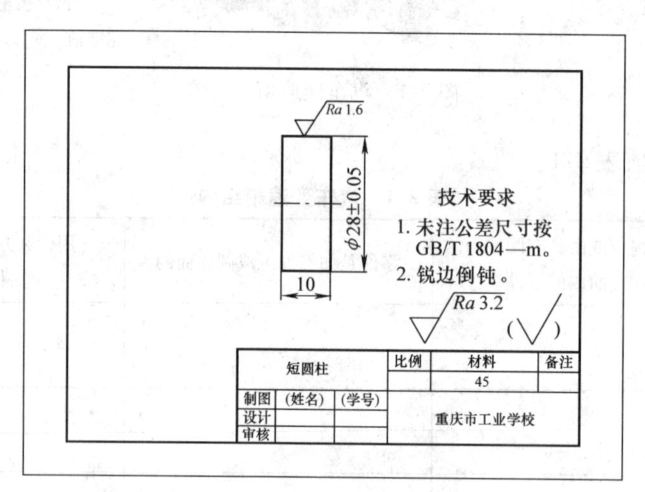

图 2-3 短圆柱零件图

3）毛坯尺寸为 ϕ30mm×25mm，材料为 45 钢，无特殊要求。

任务准备

一、加工工艺的拟订

1. 零件图工艺分析及加工方法选择

该零件表面形状简单，是精度和表面粗糙度没有特殊要求的回转轴类零件。其轮廓由一个外圆柱面组成，零件材料为 45 钢，毛坯为 ϕ30mm 的棒料，长度为 35mm，无热处理和硬度要

求，适合在数控车床上加工。

2. 工件定位基准和装夹方式的选择

（1）定位　以坯料左端外圆和轴线为定位基准。

（2）装夹　左端不加工的 ϕ30mm 处采用自定心卡盘夹持。

3. 工件坐标系的建立

工件坐标系原点设在工件的右端面与轴线的交点处，如图 2-4 所示。

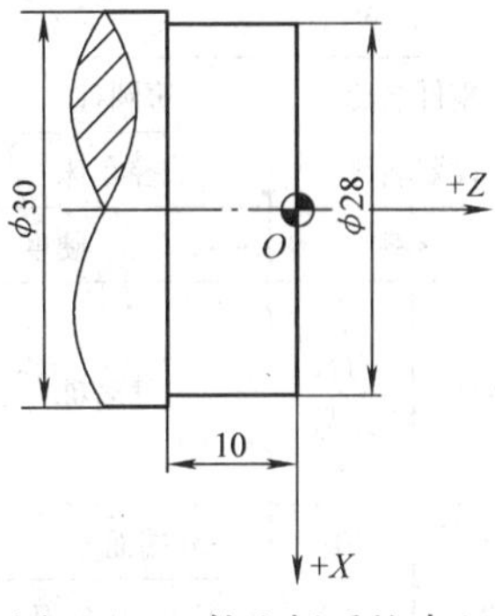

图 2-4　工件坐标系的建立

4. 对刀点和换刀点的确定

对刀点是在数控机床上加工零件时，刀具相对零件运动的起始点。对刀点也称程序起始点或起刀点。

对刀点的作用是确定程序原点在机床坐标系中的位置。对刀点可与程序原点重合，也可在任何便于对刀处，但该点与程序原点之间必须有确定的坐标联系。

换刀点是在编制数控车床多道加工程序时，相对于机床原点而设置的一个自动换刀或换工作台的位置。

在数控车床上，为了防止在换（转）刀时碰撞到被加工零件、夹具或尾座而发生事故，换刀点都设置在被加工零件的外面，并留有一定的安全区。

本工件对刀点和换刀点设在同一点：以工件右端面中心为工件原点，（50，50）处为对刀点和换刀点。

5. 进给路线的确定

由于零件简单且无特殊要求，故按直接加工到位、由近及远的原则确定进给路线。如图 2-5 所示，进给路线为：按换刀点→1→2→3 的顺序进给，按 3→4→1→换刀点的顺序完成刀具返回。

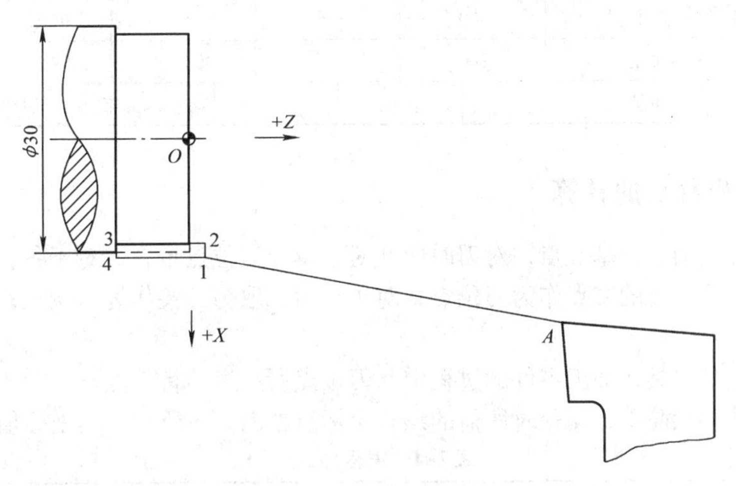

图 2-5　进给路线的确定

6. 刀具的选择

平端面选用端面车刀，外圆加工用 93°外圆车刀。

将选中的刀具填入数控车床刀具调整卡（见表 2-2），以便编程及操作管理。

7. 切削用量的选择

背吃刀量：轮廓粗车时单边切入，$a_p = 2$mm；精加工余量为 0.5mm，即 $a_p = 0.5$mm。主轴转速 $n = 800$r/min，进给速度 $v_f = 100$mm/min。

表 2-2　数控车床刀具调整卡

零件名称		短圆柱	（单位名称）					零件图号	图 2-3
设备名称		数控车床	设备型号	C_2-3004/2，GSK980Tb				程序号	00001
材料	45	硬度	—	工序名称	数控车削加工	工序号		01	
序号	刀具编号	刀具名称	刀片材料牌号	刀具参数				刀补地址	
				刀尖圆弧		位置		半径	长度
				刀尖	半径	*X* 向	*Z* 向		
1	T01	45°端面车刀							
2	T02	93°外圆车刀						02	
编制		审核		批准		年　月　日		共　页，第　页	

综合前面各项内容，填写数控加工工序卡（见表 2-3）。

表 2-3　数控加工工序卡

零件名称	短圆柱	夹具名称	自定心卡盘	（单位名称）			
零件图号	图 2-3	夹具编号					
设备名称及型号		数控车床 C_2-3004/2，GSK980Tb					
工序号	01	工序名称	数控车削加工	材料	45	硬度	—
工步号	工步内容	切削用量			刀具		备注
		n/(r/min)	v_f/(mm/min)	a_p/(mm)	编号	名称	
1	平端面	800			01	端面车刀	手动
2	外圆加工	800		2	02	外圆车刀	自动
编制		审核		批准		年　月　日	共　页，第　页

二、编程坐标点的计算

刀位点是刀具的定位基准点，对刀时应使对刀点与刀位点重合。对于各种立铣刀，一般取刀具轴线与刀具底端的交点作为刀位点；对于车刀，取为刀尖作为刀位点；钻头则取钻尖作为刀位点。

编程坐标点是刀具在加工零件的过程中，刀位点所经过的特殊点。

本任务工件形状简单，编程时所需的编程坐标点如图 2-5 所示，其坐标值见表 2-4。

表 2-4　编程坐标点　（单位：mm）

坐标	换刀点	1	2	3	4
X	50	32	28	28	32
Z	50	2	2	-10	-10

三、编制加工程序

本工件加工全部采用手工编程。编程时以工件轴线与右端面的交点为工件坐标系原点。

车削短圆柱数控加工程序示例见表2-5。

表2-5　车削短圆柱数控加工程序示例

零件图号	图2-3			零件名称	短圆柱	编制		审核	
工序	02	工步	2	夹具名称	自定心卡盘	日期	年　月　日	日期	年　月　日
程序段号	程序内容			说明					
	O0001			程序名					
N10	T0202			换2号刀并进行刀具补偿					
N20	M03			主轴正转，转速为800r/min					
N30	G00 X32 Z2			快速接近工件到点1					
N40	G00 X28 Z2			调整背吃刀量到点2					
N50	G01 X28 Z-10 F100			车削加工到点3，进给速度为100mm/min					
N60	G01 X32 Z-10			退刀到点4					
N70	G00 X32 Z2			返回点1					
N80	G00 X50 Z50			返回换刀点					
N90	M05			主轴停					
N100	M30			程序结束并返回程序头					

任务实施

一、加工前的准备

（1）毛坯　ϕ30mm×35mm的45钢棒料。

（2）刀具　见刀具表或切削用量表。

（3）量具　游标卡尺（0~150mm）、钢直尺（0~300mm）。

（4）机床　C_2-3004/2车床、GSK980Tb数控系统。

二、加工过程

1. 机床开机

1）开启机床总电源，给机床上电；然后旋动【急停】按钮（沿着箭头方向旋动让其跳起），给系统上电。

2）认识GSK980Tb数控系统面板。CRT显示及键盘如图2-6所示，操作面板如图2-7所示，操作面板各键的功能见表2-6。

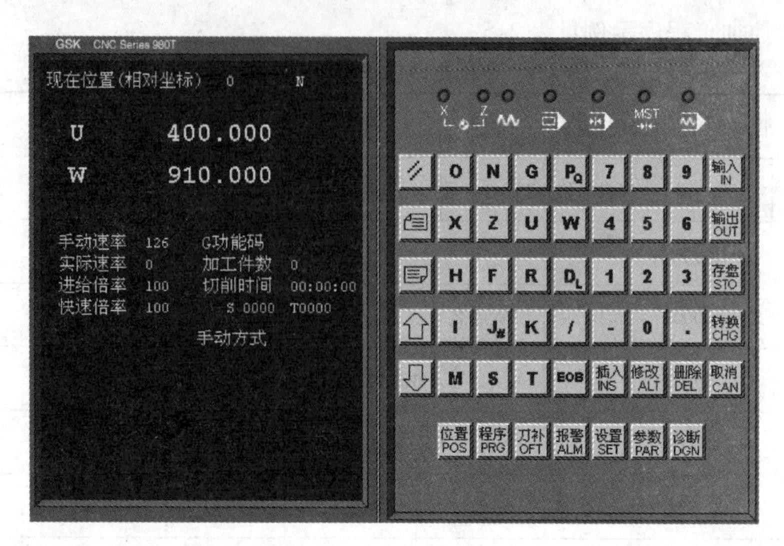

图 2-6 CRT 显示及键盘

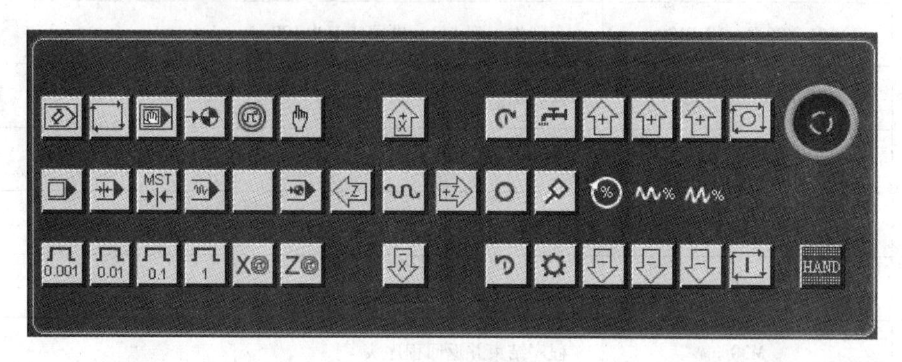

图 2-7 操作面板

表 2-6 操作面板各键功能

图标	键 名	图 标	键 名
	编辑方式键		空运行键
	自动加工方式键		返回程序起点键
	录入方式键	0.001 0.01 0.1 1	单步/手轮移动量键
	回参考点键	X Z	手摇轴选择键
	单步方式键		急停开关
	手动方式键	HAND	手轮方式切换键
	单程序段键	MST	辅助功能锁住键
	机床锁住键		

2. 编辑程序（建立 O0001 加工程序）

（1）新建数控程序　按下【编辑方式】键，进入编辑操作方式，这时屏幕右下角显示“编辑方式”。单击操作键盘上的键，进入程序编辑窗口，输入地址“O”，然后输入程序号，按【EOB】键，此时将自动产生了一个 O××××程序，如图 2-8 所示。

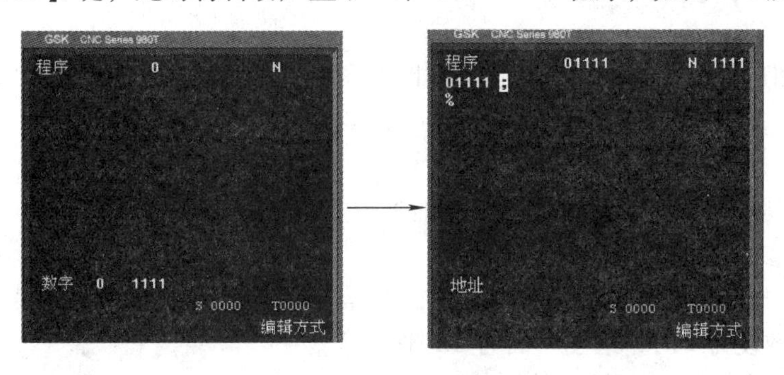

图 2-8　新建数控程序

（2）字符的插入、修改和删除　新建程序之后，可以通过 MDI 键盘输入加工程序。此时可以利用插入INS、修改ALT、删除DEL键分别进行插入、修改及删除操作。

（3）程序号检索　当存储器存入多段程序时，可以通过检索的方法调出需要的程序，对其进行编辑。检索过程如下：按下【编辑方式】键，进入编辑操作方式，然后按程序PRG键，进入程序编辑窗口，输入要检索的程序名，如“O2222”，接着按向下键，此时，在 LCD 显示屏上将显示检索出的程序，如图 2-9 所示。

图 2-9　程序号检索

（4）删除指定程序　按下键，并按程序PRG键，进入编辑界面，此时输入要删除的程序名，如“O1111”，并按删除DEL键，则对应的程序将被删除。

（5）删除全部程序　按下键，并按程序PRG键，进入编辑界面，输入“O－9999”并按程序PRG键，则可将所有程序从存储器中删除。

按照上述方法将零件加工程序 O0001 输入数控系统，并按复位键将光标移动到程序的开头。

3. 程序校验

刀具路径可以直接在 LCD 上画出，因此可以在 LCD 上检查程序加工轨迹，刀具路径也

可以进行移动。

（1）图形参数的设定　在程序运行前须事先进行设定图形参数，这些参数只能在录入方式下设定。

1）【图形】与【设置】键为同一键，反复按时，在【图形】与【设置】页面间进行切换。

2）在【图形】菜单中按翻页键，可在图形参数与图形显示之间进行切换。

3）在图形参数显示状态下，通过光标键，移动光标至要设定的参数下。

4）在录入方式下输入数据，按【输入】键，输入图形参数值。

5）重复步骤3）和4）设定需要设定的参数。

（2）图形参数的含义说明

1）坐标选择：设定绘图平面（$XZ=0$，$ZX=1$）。当该参数设为0时，绘图平面为XZ平面；当该参数设为1时，绘图平面为ZX平面。

2）缩放比例：设定绘图的比例。

3）图形中心：设定工件坐标系下LCD中心对应的工件坐标值。

4）最大、最小值：当对轴最大、最小值进行设定之后，CNC系统会自动对缩放比例、图形中心值进行自动设定。

X最大值：加工程序中X向的最大值。

X最小值：加工程序中X向的最小值。

Z最大值：加工程序中Z向的最大值。

Z最小值：加工程序中Z向的最小值。

（3）刀具路径的描述（图形显示）　在图形显示页面，可以监测所运行程序的加工形状。

1）按【**S**】键，进入作图状态，“＊”号移至“S”前，正在作图。

2）在自动/录入/手动方式运行时，绝对坐标值改变，对应的运动轨迹将被描述出来。

3）按【**T**】键，进入停止作图状态，“＊”号移至“T”前，停止作图。

4）按【**R**】键，可清除已绘出的图形。

5）可以通过【↑】、【↓】、【←】、【→】键随时调整绘图零点在屏幕上的位置，以更好地显示图形。

（4）检查程序运行轨迹是否正确　按下操作面板上的【自动运行】键，转入自动加工模式，按下键盘上的【程序】键，打开程序编辑窗口，通过检索的方法调出需要校验的程序O0001。然后按【设置】键两次，按【翻页】键进入检查运行轨迹模式，按【R】键清除已绘出的图形，按【S】键进入作图状态，按【循环启动】键，即可观察数控程序的运行轨迹，检验程序加工轨迹，如图2-10所示。

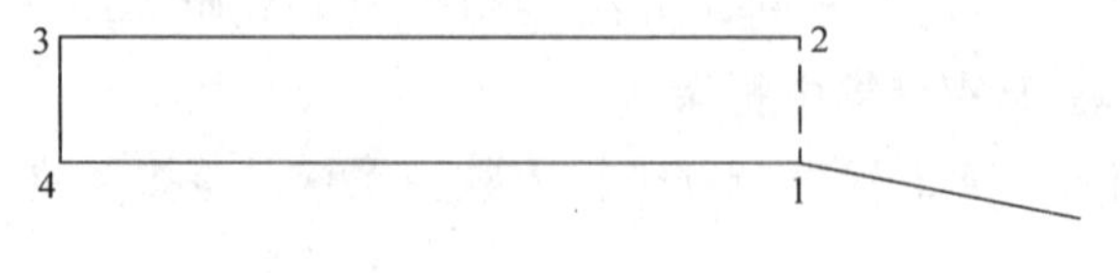

图2-10　加工轨迹图

4. 对刀

（1）手动方式下试切工件操作

1）按下【手动方式】键，进入手动操作方式，这时屏幕右下角显示“手动方式”。按下手动轴向运动开关，再按下操作面板上的键，机床向 X 轴正向移动，按键，机床向 X 轴负方向移动。同理，按、键，机床在 Z 轴方向移动，可以根据加工零件的需要，按下适当的键移动机床。

2）按下【快速进给】键时，进行“开→关→开……”切换，当为“开”时，位于面板上部的指示灯亮；当为“关”时，指示灯灭。选择“开”时，手动以快速速度进给。注意：此键须配合轴向运动开关使用。

3）按下操作面板上的或键，可使主轴转动；按下键，可使主轴停止转动。

4）手动辅助功能操作。

① 手动换刀键。手动/手轮/单步方式下，按下此键，刀架旋转换下一把刀。

② 主轴倍率增加、减少键。增加：按一次增加键，主轴倍率从当前倍率以 50%→60%→70%→80%→90%→100%→110%→120% 的顺序增加一挡；减少：按一次减少键，主轴倍率从当前倍率以 120%→110%→100%→90%→80%→70%→60%→50% 的顺序减少一挡。相应倍率变化在屏幕左下角显示。

③ 进给速度倍率增加、减少。在自动运行方式中，对进给倍率进行倍率调节。增加：按一次增加键，主轴倍率从当前倍率以 0→10%→20%→30%→…→150% 的顺序增加一挡；减少：按一次减少键，主轴倍率从当前倍率以 150%→140%→130%→…→0 的顺序递减一挡。

进给速度倍率开关与手动连续进给速度开关可以通用。

（2）设置工件坐标系原点（对刀）　数控程序一般按工件坐标系编程，对刀过程就是建立工件坐标系与机床坐标系之间对应关系的过程。常见的是将工件右端面中心点（车床）设为工件坐标系原点。

首先将刀具及工件在机床上安装好，然后按下面的步骤进行对刀。

1）试切。将工件断面车平，让工件出现 Z 向基准；将工件外圆试切至要求尺寸，注意刀具试切后不要退出，直接停止主轴运转。试切后，刀具与工件的位置如图 2-11 所示。

2）测量。用游标卡尺测量出此时刀具刀尖点相对于工件坐标系原点的坐标值，并记下对应的 X 的值，记为 X_p；记下对应的 Z 值，记为 Z_p。如图 2-11 所示，其 X_p 为 28.75，Z_p 为 -6.25。

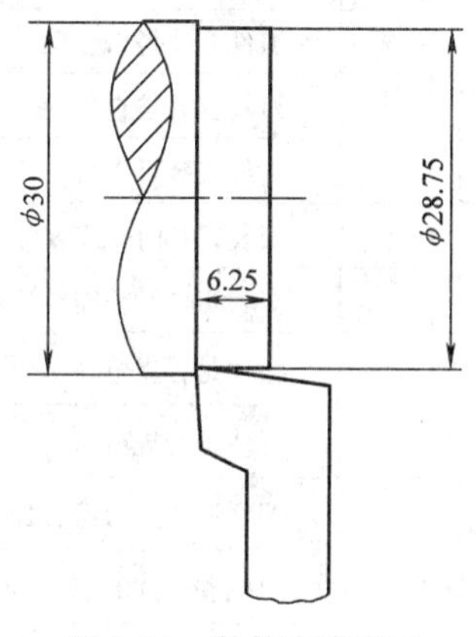

图 2-11　数控车床对刀

3）设置。在数控系统中设置该把刀具的刀具长度补偿值。按刀补OFT键，打开刀具补偿窗口，使用翻页键、或光标键、，将光标移到相应序号处（对应当前刀具号）。输入 X_p，按输入IN键，系统将机床位置坐标减去 X_p 得到的值填入 101 和 001 号参数的 X 坐标中；输入 Z_p，按输入IN键，系统将机床位置坐标减去 Z_p 得到的值填入 101 和

001号参数的Z坐标中。

4）刀具移动至安全位置。按下操作面板上的键，使主轴转动，然后按操作面板上的、键，将刀具退至安全位置。

自此，刀具的对刀就完成了。将工件上其他点设为工件坐标系原点的对刀方法同上述方法类似；如果有其他刀具，其对刀步骤与上述相同。

5. 加工零件

自动运行的启动步骤如下：

1）把程序存入存储器中。

2）选择要运行的程序。

3）选择自动运行方式。首次运行程序需要按下【单段】键，检查换刀后刀具运动的第一个点是否正确（对刀是否正确）和程序是否编辑正确。

4）按【循环启动】按钮，开始执行程序。

6. 检验

用相应量具检验零件是否合格并入库保存。

任务评价

加工完成后，填写任务评价表（见表2-7）。

表2-7 任务评价表

任务名称							
任务评价成绩				指导教师			
类别	序号	任务评价项目	结果	A	B	C	D
编程	1	程序是否能顺利完成加工					
	2	编程的格式及关键指令是否使用正确					
	3	程序是否满足零件工艺要求					
	4	通过该零件编程，收获主要有哪些	回答：				
	5	如何完善程序	回答：				
工件、刀具安装	1	刀具安装是否正确					
	2	工件安装是否正确					
	3	刀具安装是否牢固					
	4	工件安装是否牢固					
	5	安装刀具时，需要注意的事项有哪些	回答：				
	6	安装工件时，需要注意的事项有哪些	回答：				
操作加工	1	操作是否规范					
	2	着装是否规范					
	3	切削用量是否符合加工要求					
	4	刀柄和刀片的选用是否合理					
	5	加工时，需要注意的事项有哪些	回答：				
	6	加工时，经常出现的加工误差有哪些	回答：				

（续）

任务名称							
任务评价成绩				指导教师			
类别	序号	任务评价项目	结果	A	B	C	D
精度检测	1	是否了解本零件测量所需各种量具的原理及使用方法					
	2	精度检测是否合格					
自我总结：							
学生签字：			指导教师签字：				

一、数控车床坐标系和坐标点：

（一）机床坐标系

为了确定机床各运动部件的运动方向和移动距离，需要在机床上建立一个坐标系，这个坐标系称为机床坐标系。图2-12所示为前置式刀架数控车床的机床坐标系。图2-13所示为笛卡儿坐标系。

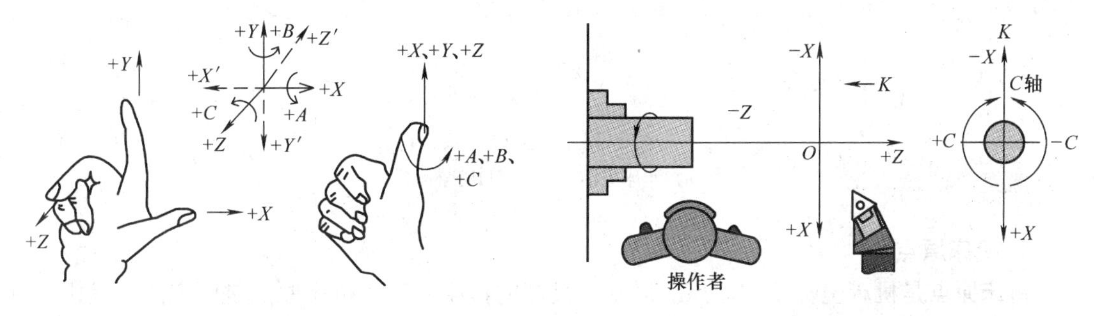

图2-12　数控车床坐标系　　　图2-13　笛卡儿坐标系

1. 机床坐标轴及其方向

1）数控机床的运动轴分为平动轴和转动轴。

2）数控机床各轴的运动，有的是使刀具产生运动，有的则是使工件产生运动。

3）标准规定，不论机床的具体运动结果如何，机床的运动统一按工件静止而刀具相对于工件运动来描述，并以右手笛卡儿坐标系表达。其坐标轴用 X、Y、Z 表示，用来描述机床的主要平动轴；称为基本坐标轴，若机床有转动轴，标准规定绕 X、Y 和 Z 轴转动的轴分别用 A、B 和 C 表示，其正向按右手螺旋定则确定，如图2-13所示。

2. Z 坐标轴

将机床主轴沿其轴线方向运动的平动轴定义为 Z 轴。

所谓主轴是指产生切削动力的轴，如铣床、钻床、镗床上的刀具旋转轴和车床上的工件旋转轴。如果主轴能够摆动，即主轴轴线方向是变化的，则以主轴轴线垂直于机床工作台装夹面时的状态来定义 Z 轴。对于 Z 轴的方向，标准规定以增大刀具与工件间距离的方向为 Z 轴的正方向。

3. *X* 坐标轴

在垂直于 *Z* 轴的平面内的一个主要平动轴被定义为 *X* 轴，它一般位于与工件安装面相平行的水平面内。对于不同类型的机床，*X* 轴及其方向有具体的规定。例如，对于铣床、钻床等刀具旋转的机床，若 *Z* 轴是水平的，则 *X* 轴规定为从刀具向工件方向看时沿左右运动的轴，且向右为正；若 *Z* 轴是垂直的，则 *X* 轴规定为从刀具向立柱（若有两个立柱则选左侧立柱）方向看时沿左右运动的轴，且向右为正，如图 2-14a 所示。

4. *Y* 坐标轴

Y 轴及其方向是根据 *X* 轴和 *Z* 轴按右手法则确定的，如图 2-14b 所示。

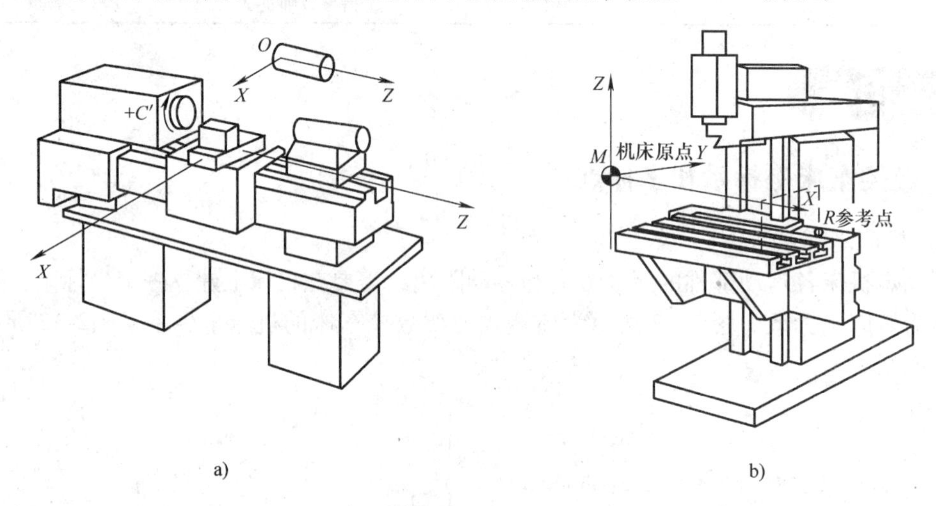

图 2-14 机床坐标系

a）车床坐标系 b）铣床坐标系

5. 机床原点

机床原点是机床坐标系的原点。对某一具体的机床来说，机床原点是固定的，是机床制造商设置在机床上的一个物理位置。

6. 机床参考点

机床参考点是用来对机床工作台、滑板及刀具相对运动的测量系统进行定位和控制的点，也称为机床零点。机床参考点相对于机床原点来讲是一个固定值，它是在加工之前和加工之后，用控制面板上的回零按钮使移动部件移动到机床坐标系中一个固定不变位置的极限点。数控机床在工作时，移动部件必须首先返回参考点，测量系统置零，之后测量系统即可以参考点为基准，随时测量运动部件的位置。

7. 工件坐标系和工件零点

工件坐标系是为确定工件几何图形上各几何要素的位置而建立的坐标系。工件坐标系的原点就是工件零点。

工件零点的一般选用原则：应选在工件图样的尺寸基准上，这样可以直接用图样上标注的尺寸作为编程点的坐标值，从而可以减少计算工作量；能使工件方便地装夹、测量和检验；尽量选在尺寸精度较高、表面粗糙度值较低的工件表面上，以提高加工精度和同一批零件的一致性；对于有对称形状的零件，工件零点最好选择对称中心。

8. 程序原点

为了编程方便，在图样上选择一个适当位置作为程序原点，也称编程原点或程序零点。对于简单零件，工件零点就是程序零点，这时的编程坐标系就是工件坐标系。对于形状复杂的零件，需要编制几个程序或子程序时，为了编程方便和减少坐标值的计算，编程零点就不一定设在工件零点上，而设在便于编制程序的位置。

（二）数控机床的坐标点

1. 绝对值编程

绝对值编程是根据预先设定的编程原点计算出绝对值坐标尺寸，进行编程的一种方法。采用绝对值编程时，首先要指出编程原点的位置，并用地址 X，Z 进行编程（X 为直径值）。

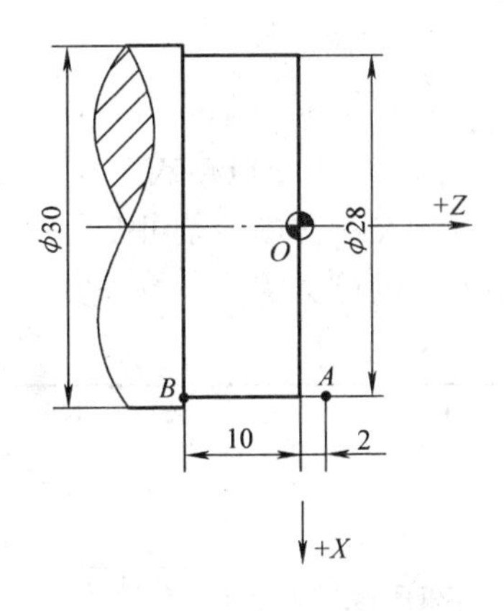

图 2-15　坐标点

2. 增量值编程

增量值编程是根据与前一个位置的坐标值增量来表示位置的一种编程方法，即程序中的终点坐标是相对于起点坐标而言的。

采用增量值编程时，用地址 U、W 代替 X、Z 进行编程。U、W 的正负方向由行程方向确定，行程方向与机床坐标方向相同时为正，反之为负。

3. 混合编程

绝对值编程与增量值编程混合起来进行编程的方法称为混合编程。混合编程时也必须先设定编程原点。

例：如图 2-15 所示，写出点 *A*、*B* 的坐标。

（1）绝对坐标（相对于原点 *O*）

A：X28　Z2

B：X28　Z－10

（2）相对坐标

B 点相对于 *A* 点：U0　W－12

B 点相对于原点 *O*：U28　W－10

（3）混合坐标

B 点相对于 *A* 点：U0　Z－10

B 点相对于 *A* 点：X28　W－10

注意：当一个程序段中同时有指令地址 X、U 或 Z、W 时，后一指令字有效。

用直径值编程时，称为直径编程法。车床出厂设定为直径编程，所以在编制与 *X* 轴有关的各项尺寸时，一定要用直径值编程。用半径值编程时，称为半径编程法。如需要用半径值编程，则要改变系统中的相关参数。

二、数控车床加工程序的结构及指令

（一）程序的结构

一个完整的程序一般由程序名、程序主体和程序结束三部分组成。

1. 程序名

GSK980Tb 数控车床系统的程序名是 O××××。××××是四位正整数，可以是 0000 ~ 9999，如 O2255。程序名一般要求单列一段且不需要段号。

2. 程序主体

程序主体是由若干个程序段组成的，表示数控机床要完成的全部动作。每个程序段由一个或多个指令构成，每个程序段一般占一行，用“;”作为每个程序段的结束代码。

3. 程序结束

程序结束指令可用 M30，一般要求单列一段。

（二）程序段格式

现在最常用的是可变程序段格式。每个程序段由若干个地址字构成，而地址字又由表示地址字的英文字母、特殊文字和数字构成，见表 2-8。

表 2-8　程序段格式

1	2	3	4	5	6	7	8	9	10
N	G	X U	Y V	Z W	I J K R	F	S	T	M
程序段号	准备功能	坐标尺寸字				进给功能	主轴功能	刀具功能	辅助功能

例如：N50 G01 X30.0 Z40.0 F100

说明：

1）N××为程序段号，由地址符 N 和后面的若干位数字表示。在大部分数控系统中，程序段号仅作为“跳转”或“程序检索”的目标位置指示。因此，它的大小及次序可以颠倒，也可以省略。程序段在存储器内以输入的先后顺序排列，而程序的执行是严格按信息在存储器内的先后顺序逐段执行的，也就是说，执行的先后次序与程序段号无关。但是，当程序段号省略时，该程序段将不能作为“跳转”或“程序检索”的目标程序段。

2）程序段的中间部分是程序段的内容，主要包括准备功能字、尺寸功能字、进给功能字、主轴功能字、刀具功能字、辅助功能字等。但并不是所有程序段都必须包含这些功能字，有时一个程序段内可仅含有其中一个或几个功能字，如下列程序段都是正确的：

N10 G01 X100.0　F100;

N80 M05;

3）程序段号也可以由数控系统自动生成，程序段号的递增量可以通过机床参数进行设置，一般可设定增量值为“10”，以便在修改程序时方便进行插入操作。

（三）数控车床的编程指令体系

GSK980Tb 数控车床系统常用的功能指令为准备功能指令、辅助功能指令及其他功能指令三类。

1. 准备功能指令（G 代码）

（1）地址　G。G00 ~ G99（或 G999）中，前置“0”可以省略，后置“0”不可以省略。例如：G00 与 G0、G01 与 G1 可以互用；G90 与 G9 不可互用，G90 是单一外圆、内圆车削循环，而 G9 在此数控系统中未指定功能。

（2）功能　建立机床或控制系统的工作方式。

（3）指令使用说明

1）不同数控系统的 G 代码各不相同，同一数控系统不同型号机床的 G 代码也有变化，使用时应以数控机床使用说明书为准。

2）G 代码有模态代码和非模态代码两种。模态代码是指相应字段的值一经设置后就一直有效，直至某程序段又对该字段重新设置为止。其另一意义是指值设置之后，以后的程序段若使用相同的功能，可以不必再输入该字段。非模态代码仅在本程序段中有效，又称程序段有效代码。其对应的另一概念为初态，即运行加工程序之前的系统编程状态。

3）GSK980Tb 数控车床系统准备功能指令见表 2-9。

表 2-9　准备功能指令

代码	组别	意　义	格　式
G00	01	快速定位	G00 X（U）__ Z（W）__
G01		直线插补	G01 X（U）__ Z（W）__ F__
G02		顺时针圆弧插补	G02 X__ Z__ R__ F__或 G02 X__ Z__ I__ K__ F
G03		逆时针圆弧插补	G03 X__ Z__ R__ F 或 G03 X__ Z__ I__ K__ F__
G04	00	暂停	G04 P__（单位为 0.001s） G04 X__（单位为 s） G04 U__（单位为 s）
G28		自动返回机械原点	G28 X（U）__ Z（W）__
G32	01	车削螺纹	G32 X（U）__ Z（W）__ F__（米制螺纹） G32 X（U）__ Z（W）__ I__（寸制螺纹）
G50	00	坐标系设定	G50 X（x）　Z（z）
G70	00	精加工循环	G70 P（ns）Q（nf）
G71		外圆粗车循环	G71 U（ΔD）R（e）F（f） G71 P（ns）Q（nf）U（Δu）W（Δw）S（s）T（t）
G72		端面粗车循环	G72 W（ΔD）R（e）F（f） G72 P（ns）Q（nf）U（Δu）W（Δw）S（s）T（t）
G73		封闭切削循环	G73 U（Δi）W（Δk）R（D）F（f） G73 P（s）Q（nf）U（Δu）W（Δw）S（s）T（t）
G74		端面深孔加工循环	G74 R（e） G74 X（u）Z（w）P（Δi）Q（Δk）R（ΔD）F（f）
G75		外圆、内圆切槽循环	G75 R（e） G75 X（u）Z（w）P（Δi）Q（Δk）R（ΔD）F（f）
G76		复合型螺纹切削循环	G76 P（m）（r）（a）Q（Δd_{min}）R（ΔD） G76 X（u）Z（w）R（i）P（k）Q（ΔD）F（l）
G90	01	外圆、内圆车削循环	G90 X（U）__ Z（W）__ R__ F__
G92		螺纹切削循环	G92 X（U）__ Z（W）__ F__（米制螺纹） G92 X（U）__ Z（W）__ I__（寸制螺纹）
G94		端面车削循环	G94 X（U）__ Z（W）__ F__
G98	03	每分钟进给	G98
G99		每转进给	G99

2. 辅助功能指令

辅助功能用地址符“M”及两位数字表示。它主要用于机床加工操作时的工艺性指令，其特点是靠继电器的通、断来实现控制过程。GSK980Tb数控车床系统的辅助功能指令见表2-10。

表2-10 辅助功能指令

代码	意义	格式
M00	程序暂停，按“循环起动”键程序继续执行	—
M03	主轴正转	—
M04	主轴反转	—
M05	主轴停止	—
M08	切削液开	—
M09	切削液关	—
M30	程序结束	—
M98	子程序调用	M98 Pxxxxnnnn M98 Pxxxx Lnnnn
M99	子程序结束	M99

3. 其他功能指令

包括刀具功能指令和进给速度指令。

（1）刀具功能指令　地址符T后跟四位数字，其中前两位是刀具在刀架上的安装位置号，后两位是对应存放的刀补位置号。其功能是控制机床实现自动选择刀具。

（2）进给速度指令　地址符为F，用来表示刀具切削加工时进给速度的大小，其单位为毫米/转（mm/r）或毫米/分钟（mm/min），数控车床上默认的是毫米/分钟（mm/min）。其中，单位的转换用G98和G99指令实现。

任务2　阶梯轴的加工

学习目标

1. 完成阶梯轴零件的加工工艺分析。
2. 编制阶梯轴零件的加工工艺卡片。
3. 完成刀具卡片的填写。
4. 完成零件加工程序的编写。
5. 完成零件的加工。
6. 完成检测、自我评价，记录工作结果。

任务引入

如图2-16所示的阶梯轴，其用途是实现两零件间的定位。学会阶梯面的车削加工后，便能够完成汽车上一些零件的部分加工内容。

任务分析

加工如图 2-17 所示的阶梯轴零件。本任务的要求如下：

1）仔细阅读零件图样，进行加工工艺分析和工艺准备，编写零件的加工工艺文件（工艺卡片、刀具卡片），编制零件的加工程序。

2）在规定的时间内，按图 2-17 所示的要求完成阶梯轴的数控车削加工。

图 2-16　阶梯轴

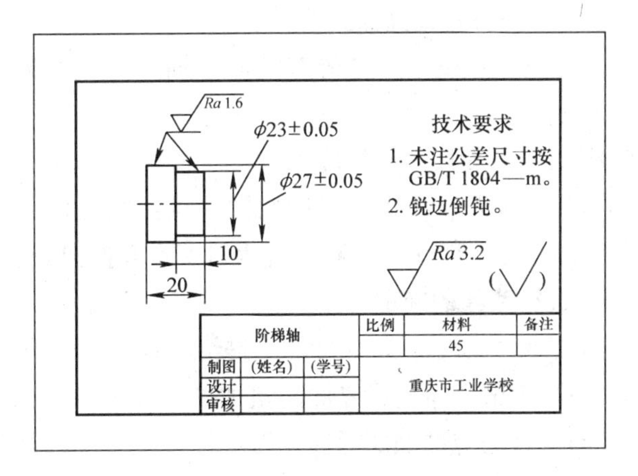

图 2-17　阶梯轴零件图

任务准备

毛坯直径为 ϕ30mm，材料为 45 钢，无特殊要求。

根据零件的结构特点选择车削的加工方法，刀具可以选择 93°外圆车刀，从右至左完成零件表面的加工。

一、加工工艺的拟订

1. 零件图工艺分析及加工方法选择

该阶梯轴零件是表面形状简单、精度没有特殊要求的回转轴类零件。其轮廓由一个外圆柱面组成，零件材料为 45 钢，毛坯为 ϕ30mm 的棒料，长度为 45mm，无热处理和硬度要求，适合在数控车床上加工。加工时由于机床刚性、功率、加工质量、刀具刚性等性能指标的影响，要求对每刀切削量有所控制，因此背吃刀量是在加工过程中的一个重要切削参数。

一般将零件的加工过程分为三个阶段：第一阶段为粗加工阶段，第二阶段为半精加工阶段，第三阶段为精加工阶段。其中，粗加工阶段主要切除各表面上的大部分加工余量，使毛坯形状和尺寸接近成品。该阶段的特点是使用大功率机床，选用较大的切削用量及尽可能地提高生产率和降低刀具磨损等。半精加工阶段是完成次要表面的加工，并为主要表面的精加工做准备。精加工阶段的目的是保证主要表面达到图样要求。

本任务以粗加工和精加工来完成余量较多的零件加工为例，讲解阶梯轴类零件数控加工

程序的编制方法。现规定粗加工的背吃刀量为2mm（直径），精加工的背吃刀量为0.5mm（直径）。

2. 确定工件的定位基准和装夹方式

（1）定位　以坯料左端外圆和轴线为定位基准。

（2）装夹　左端不加工的 ϕ30mm 处采用自定心卡盘夹持。

3. 工件坐标系的确定

工件坐标系设在工件的右端面与轴线的交点处，如图2-18所示。

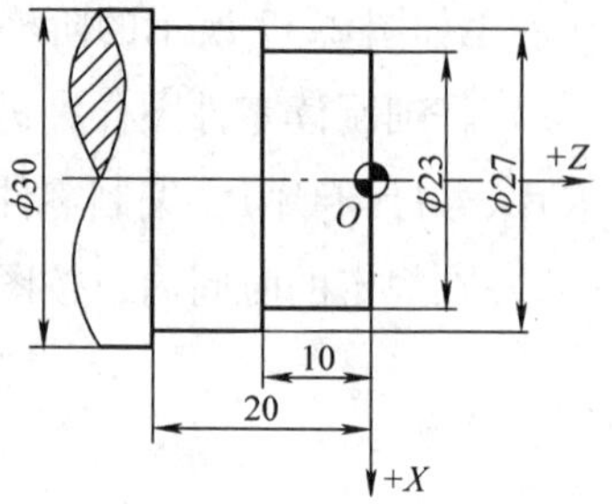

图2-18　工件坐标系

4. 对刀点和换刀点的确定

本工件对刀点和换刀点设在同一点：以工件右端面中心为工件原点，以（50，50）处为对刀点和换刀点。

5. 进给路线的确定

如图2-19所示，阶梯轴加工进给路线为：以换刀点→1→2→3→4→1→6→7→*C*→1→*A*→*B*→*C*→1的顺序完成零件的粗加工；以1→*D*→*E*→*F*→*G*的顺序完成零件的精加工；以*G*→4→1→换刀点的顺序返回换刀点。

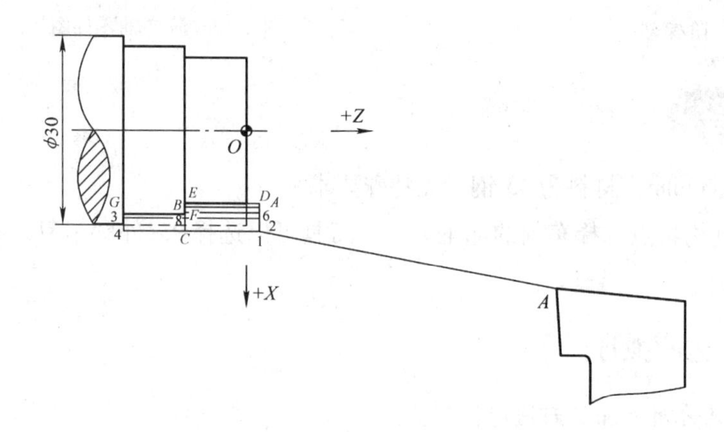

图2-19　阶梯轴加工进给路线

6. 刀具的选择

1）平端面选用端面车刀。

2）外圆加工用93°外圆车刀。

将选中的刀具填入数控车床刀具调整卡（见表2-11），以便编程及操作管理。

7. 切削用量的选择

背吃刀量：轮廓粗车时单边切入，$a_p = 2$mm；精加工余量为0.5mm，即 $a_p = 0.5$mm。主轴转速 $n = 800$r/min，进给速度 $v_f = 100$mm/min。

综合前面各项内容，填写数控加工工序卡（见表2-12）。

表 2-11 数控车床刀具调整卡

零件名称	阶梯轴	（单位名称）						零件图号	2-17
设备名称	数控车床	设备型号	$C_2-3004/2$，GSK980Tb					程序号	O0002
材料	45	硬度	—	工序名称	数控车削加工	工序号	01		
序号	刀具编号	刀具名称	刀片材料牌号	刀具参数				刀补地址	
				刀尖		位置		半径	长度
				刀尖角	刀尖圆弧半径	*X* 向	*Z* 向		
1	T01	45°端面车刀							
2	T02	93°外圆车刀						02	
编制		审核		批准		年 月 日		共 页，第 页	

表 2-12 数控加工工序卡

零件名称	阶梯轴	夹具名称	自定心卡盘	（单位名称）			
零件图号	图 2-17	夹具编号					
设备名称及型号	数控车床 $C_2-3004/2$，GSK980Tb						
工序号 01	工序名称	数控车削加工	材料	45		硬度	—
工步号	工步内容	切削用量			刀具		备注
		$n/(\mathrm{r/min})$	$v_f/(\mathrm{mm/min})$	$a_p/(\mathrm{mm})$	编号	名称	
1	平端面	800			01	端面车刀	手动
2	外圆粗加工	800		2	02	外圆车刀	自动
3	外圆精加工	800		0.5	02	外圆车刀	自动
编制	审核	批准		年 月 日		共 页，第 页	

二、刀位点的计算

该阶梯轴零件形状简单，编程时所需的刀位点坐标如图 2-19 所示，其坐标值见表 2-13。

表 2-13 刀位点坐标

坐标	换刀点	1	2	3	4	6	7	*A*	*B*	*C*	*D*	*E*	*F*	*G*
X	50	32	28.5	28.5	32	26.5	26.5	24.5	24.5	32	24	24	28	28
Z	50	2	2	-20	-20	2	-10	2	-10	-10	2	-10	-10	-20

三、编制加工程序

本件全部采用手工编程。编程时以工件轴线与右端面的交点为工件坐标系原点，数控加工程序示例见表 2-14。

任务实施

一、加工前的准备

（1）毛坯 ϕ30mm 的 45 钢圆棒料。

（2）刀具　见刀具表或切削用量表。

（3）量具　游标卡尺（0～150mm）、钢直尺（0～300mm）。

（4）机床　C_2－3004/2 机床，GSK980Tb 数控系统。

表 2-14　车削阶梯轴加工程序示例

<table>
<tr><td>零件图号</td><td colspan="3">图 2-17</td><td>零件名称</td><td>阶梯轴</td><td>编制</td><td></td><td>审核</td><td></td></tr>
<tr><td>工序</td><td>2</td><td>工步</td><td>2</td><td>夹具名称</td><td>自定心卡盘</td><td>日期</td><td>年　月　日</td><td>日期</td><td>年　月　日</td></tr>
<tr><td>程序段号</td><td colspan="4">程序内容</td><td colspan="5">说明</td></tr>
<tr><td></td><td colspan="4">O0002</td><td colspan="5">程序名</td></tr>
<tr><td>N10</td><td colspan="4">T0202</td><td colspan="5">换 2 号刀并进行刀具补偿</td></tr>
<tr><td>N20</td><td colspan="4">M03</td><td colspan="5">主轴正转，转速为 800r/min</td></tr>
<tr><td>N30</td><td colspan="4">G00 X32 Z2</td><td colspan="5">快速接近工件到点 1</td></tr>
<tr><td>N40</td><td colspan="4">G00 X28. 5 Z2</td><td colspan="5">调整背吃刀量到点 2</td></tr>
<tr><td>N50</td><td colspan="4">G01 X28. 5 Z－20 F100</td><td colspan="5">车削加工到点 3，进给速度为 100mm/min</td></tr>
<tr><td>N60</td><td colspan="4">G01 X32 Z－20</td><td colspan="5">退刀到点 4</td></tr>
<tr><td>N70</td><td colspan="4">G00 X32 Z2</td><td colspan="5">返回点 1</td></tr>
<tr><td>N80</td><td colspan="4">G00 X26. 5 Z2</td><td colspan="5" rowspan="4">粗加工至 ϕ26. 5mm</td></tr>
<tr><td>N90</td><td colspan="4">G01 X26. 5 Z－10</td></tr>
<tr><td>N100</td><td colspan="4">G01 X32 Z－10</td></tr>
<tr><td>N110</td><td colspan="4">G00 X32 Z2</td></tr>
<tr><td>N120</td><td colspan="4">G00 X24. 5 Z2</td><td colspan="5" rowspan="4">粗加工至 ϕ24. 5mm</td></tr>
<tr><td>N130</td><td colspan="4">G01 X24. 5 Z－10</td></tr>
<tr><td>N140</td><td colspan="4">G01 X32 Z－10</td></tr>
<tr><td>N150</td><td colspan="4">G00 X32 Z2</td></tr>
<tr><td>N160</td><td colspan="4">G00 X24 Z2</td><td colspan="5">精加工进给</td></tr>
<tr><td>N170</td><td colspan="4">G01 X24 Z－10</td><td colspan="5" rowspan="3">精加工各段</td></tr>
<tr><td>N180</td><td colspan="4">G01 X28 Z－10</td></tr>
<tr><td>N190</td><td colspan="4">G01 X28 Z－20</td></tr>
<tr><td>N200</td><td colspan="4">G01 X32 Z－20</td><td colspan="5" rowspan="2">精加工返回</td></tr>
<tr><td>N210</td><td colspan="4">G00 X32 Z2</td></tr>
<tr><td>N220</td><td colspan="4">G00 X50 Z50</td><td colspan="5">返回换刀点</td></tr>
<tr><td>N230</td><td colspan="4">M05</td><td colspan="5">主轴停</td></tr>
<tr><td>N240</td><td colspan="4">M30</td><td colspan="5">程序结束并返回程序头</td></tr>
</table>

二、加工过程（参见情境二任务 1）

1）开机，检查机床各项指标，正常后方可操作。

2）编辑程序，建立 O0002 加工程序。

3）校验程序并进行修改。

4）安装毛坯、刀具，并完成对刀操作。

5）运行 O0002 数控程序，加工出所需零件。

6）用量具检验零件是否合格。

任务评价

加工完成后，填写任务评价表（见表 2-15）。

表 2-15 任务评价表

任务名称							
任务评价成绩				指导教师			
类别	序号	任务评价项目	结果	A	B	C	D
编程	1	程序是否能顺利完成加工					
	2	编程格式及关键指令是否使用正确					
	3	程序是否满足零件工艺要求					
	4	通过该零件编程，收获主要有哪些	回答：				
	5	如何完善程序	回答：				
工件、刀具安装	1	刀具安装是否正确					
	2	工件安装是否正确					
	3	刀具安装是否牢固					
	4	工件安装是否牢固					
	5	安装刀具时，需要注意的事项有哪些	回答：				
	6	安装工件时，需要注意的事项有哪些	回答：				
操作加工	1	操作是否规范					
	2	着装是否规范					
	3	切削用量是否符合加工要求					
	4	刀柄和刀片的选用是否合理					
	5	加工时，需要注意的事项有哪些	回答：				
	6	加工时，经常出现的加工误差有哪些	回答：				
精度检测	1	是否了解本零件测量所需各种量具的原理及使用方法					
	2	是否掌握本零件所使用的测量方法					
自我总结：							
学生签字：				指导教师签字：			

知识拓展

1. 快速定位指令 G00（G0）

（1）指令格式 G00 X(U) Z(W)；

X（U）：X 向定位终点的绝对（相对）坐标。

Z（W）：Z 向定位终点的绝对（相对）坐标。

X（U）、Z（W）的取值范围：－9999.999～＋9999.999mm。

（2）指令功能　两轴同时以各自的快速移动速度移动到 X(U)、Z(W) 指定的位置。

（3）说明　两轴是以各自独立的速度移动的，其合成轨迹并非直线，因此不能保证各轴同时到达终点，编程时应特别注意。X、Z 轴各自的快速移动速度分别由参数 No.021、No.022 设定，也可通过操作面板的快速移动速度倍率开关进行修调。

G00 指令让刀具从 A 点移动到 B 点的轨迹如图 2-20 所示。

（4）示例　如图 2-21 所示，编制让刀具从 A 点移动到 B 点的数控程序。

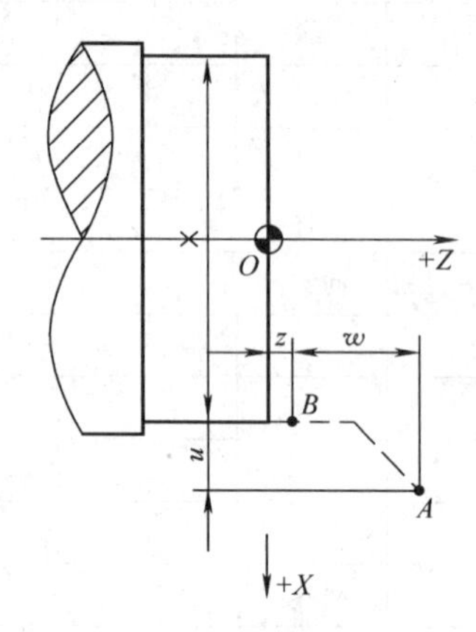

图 2-20　G00 刀具移动轨迹

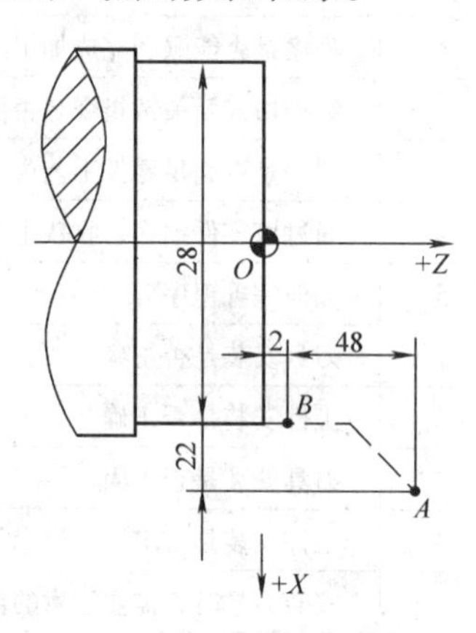

图 2-21　G00 指令编程示例

G0 X28 Z2；　　　　（绝对编程，直径编程）

G0 U－22 W－48；　　（相对编程，直径编程）

G0 U－22 Z2；　　　　（混合编程，直径编程）

2. 直线插补指令 G01（G1）

（1）指令格式　G01 X(U)＿ Z(W)＿ F＿；

（2）指令功能　刀具从当前位置以 F 指定的合成进给速度移动到 X（U）、Z（W）指定的位置，轨迹为从当前点到指定点的连线（可以是一个轴的运动，如圆柱面或端面的加工；也可以是两个轴的运动，如锥度的加工）。可通过操作面板的进给倍率按钮进行进给速度的 16 级修调。插补轨迹如图 2-22 所示。

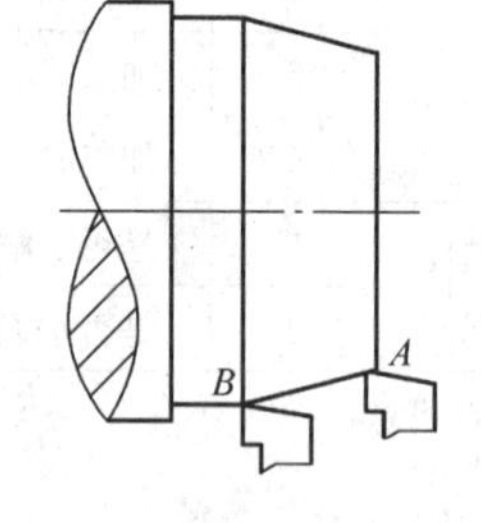

图 2-22　G01 指令插补轨迹图

X（U）：X 向插补终点的绝对（相对）坐标。

Z（W）：Z 向插补终点的绝对（相对）坐标。

X、U、Z、W 的取值范围：－9999.999～＋9999.999mm。

F：X、Z 轴的合成进给速度，模态代码。其取值范围与是 G98 还是 G99 状态有关，具体见表 2-16。

表 2-16　合成速度表

	G98/(mm/min)	G99/(mm/r)
取值范围	1～8000	0.001～500

对于两轴同时移动的插补方式，F 指定两轴的合成进给速度。

(3) 示例　如图 2-23 所示，编写从 *A* 点到 *B* 点的直线插补程序（直径编程）。

G01 X28 Z10;　　　　　　（绝对值编程）

G01 U20.0 W－25.0;　　　（相对值编程）

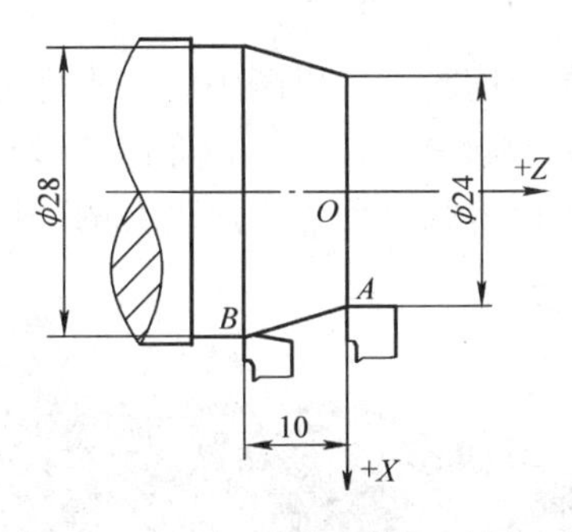

图 2-23　G01 指令编程示例

情境三　锥度轴的加工

分析图 3-1 所示汽车差速器结构图，指出图中哪些零件是由圆锥面构成的或由带圆锥面的轴加工而成的。查阅资料（如教科书、网络、汽车结构教材等），了解各零件是如何加工成圆锥面的，以及用什么方法可以将圆锥面加工成现在的外形。

图 3-1　汽车差速器结构图

根据观察完成表 3-1。

表 3-1　汽车差速器结构

序号	由圆锥面构成或由带圆锥面的轴加工而成	零件是如何加工成圆锥面的	用什么方法将圆锥面加工成现在的外形
1			
2			
3			
4			

任务　锥度轴的加工

学习目标

1. 完成锥齿轮毛坯零件（锥度轴）的加工工艺分析。
2. 编制锥齿轮毛坯零件（锥度轴）的加工工艺卡片。
3. 完成刀具卡片的填写。
4. 完成零件加工程序的编写。

5. 完成零件的加工。

6. 完成检测、自我评价，记录工作结果。

任务引入

如图 3-1 所示，汽车上很多零件的表面是由圆锥面加工而成的。图 3-2 所示为锥度轴零件，它的用途是检验零件的配合精度。学会圆锥面的车削加工，就能够完成一些机械零件的部分加工内容。

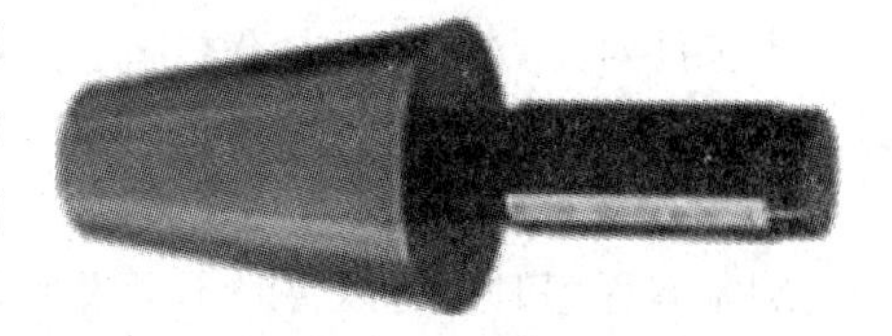

图 3-2　锥度轴零件

任务分析

图 3-3 所示为锥度轴零件，本任务要求如下：

1）仔细阅读零件图样，进行加工工艺分析和工艺准备，编写零件的工艺文件（工艺卡片、刀具卡片），编制零件的数控加工程序。

2）在规定的时间内，按零件图 3-3 的要求完成锥度轴零件的数控车削加工。

3）毛坯尺寸为 ϕ30mm，无特殊要求。

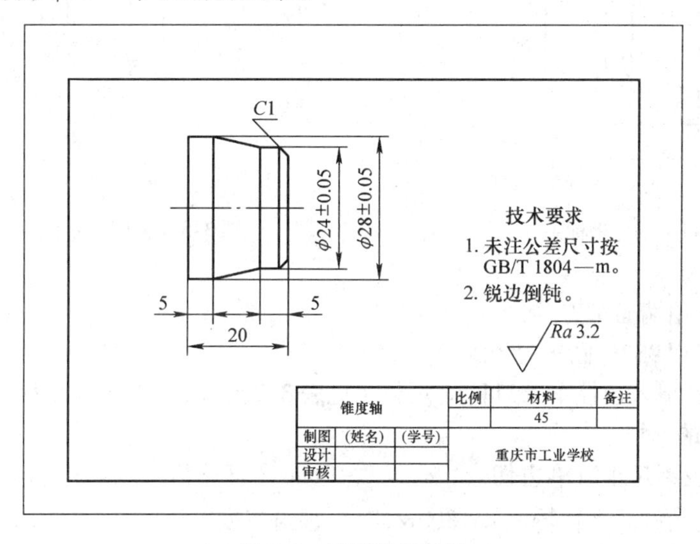

图 3-3　锥度轴零件图

任务准备

一、加工工艺的拟订

1. 零件工艺分析及加工方法选择

该锥度轴零件是表面形状简单的回转轴类零件。其轮廓由一个锥度轴组成，零件材料为 45 钢，毛坯为 ϕ30mm 的棒料，长度为 20mm，无热处理和硬度要求，适合在数控车床上加工。

2. 定位基准和装夹方式的确定

（1）定位　以坯料左端外圆和轴线为定位基准。

（2）装夹　左端不加工的 ϕ30mm 处采用自定心卡盘夹持。

3. 工件坐标系的确定

工件坐标系设在工件的右端面与轴线的交点处，如图 3-4 所示。

4. 对刀点和换刀点的确定

本工件对刀点和换刀点设在同一点：以工件右端面中心为工件原点，(50，50) 处为对刀点和换刀点。

5. 进给路线的确定

编制本程序时，可以暂时不考虑刀具半径补偿，直接按照由近及远的原则确定进给路线即可。如图 3-5 所示，锥度轴零件加工的进给路线为：由换刀点→1→2→3→4→1→6→7→8→2→9→*A*→8→2 的顺序完成粗加工；以 2→*B*→*C*→*D*→*E*→*F* 的顺序完成精加工；以 *F*→4→1→换刀点的顺序返回换刀点。

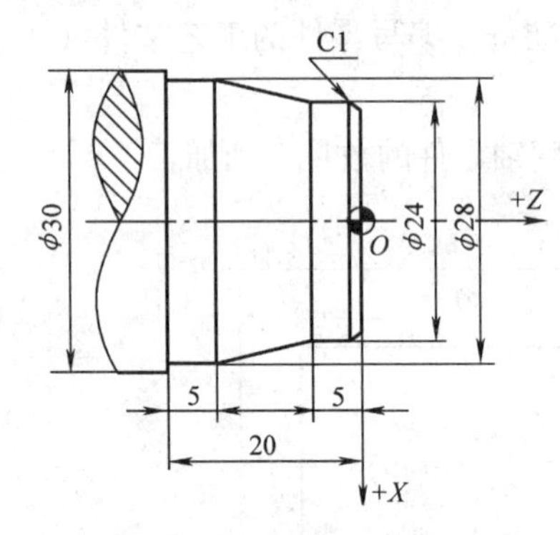

图 3-4　工件坐标系

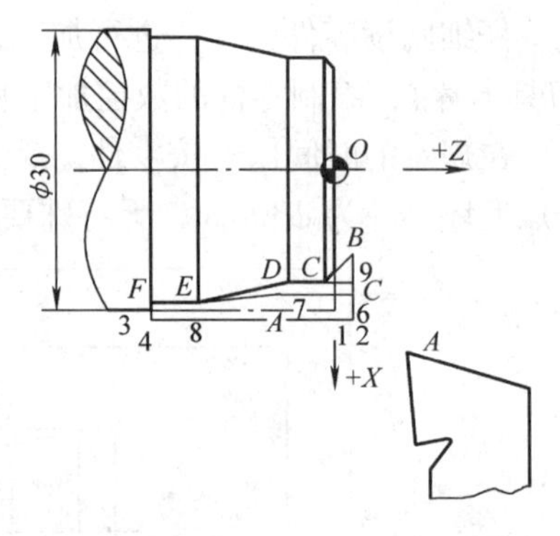

图 3-5　锥度轴零件加工进给路线

6. 刀具的选择

1）平端面选用端面车刀。

2）外圆加工用 93°外圆车刀。

将选中的刀具填入数控车床刀具调整卡（见表 3-2），以便进行编程及操作管理。

7. 切削用量的选择

背吃刀量：轮廓粗车时单边切入，$a_p = 1 \sim 2$mm（直径值）；精加工余量为 0.5mm，即 $a_p = 0.5$mm（直径值）。主轴转速 $n = 800$r/min，进给速度 $v_f = 100$mm/min。

综合前面各项内容，填写数控加工工序卡（见表 3-3）。

表 3-2　数控车床刀具调整卡

<table>
<tr><td colspan="2">零件名称</td><td>锥度轴</td><td colspan="5">（单位名称）</td><td>零件图号</td><td>图 3-3</td></tr>
<tr><td colspan="2">设备名称</td><td>数控车床</td><td>设备型号</td><td colspan="4">C_2 - 3004/2，GSK980Tb</td><td>程序号</td><td>O0003</td></tr>
<tr><td>材料</td><td>45</td><td>硬度</td><td>—</td><td>工序名称</td><td>数控车削加工</td><td>工序号</td><td colspan="3">01</td></tr>
<tr><td rowspan="3">序号</td><td rowspan="3">刀具编号</td><td rowspan="3">刀具名称</td><td rowspan="3">刀片材料牌号</td><td colspan="4">刀具参数</td><td colspan="2">刀补地址</td></tr>
<tr><td colspan="2">刀尖圆弧</td><td colspan="2">位置</td><td rowspan="2">半径</td><td rowspan="2">长度</td></tr>
<tr><td>刀尖</td><td>半径</td><td>X 向</td><td>Z 向</td></tr>
<tr><td>1</td><td>T01</td><td>45°端面车刀</td><td></td><td></td><td></td><td></td><td></td><td></td><td></td></tr>
<tr><td>2</td><td>T02</td><td>93°外圆车刀</td><td></td><td></td><td></td><td></td><td></td><td>02</td><td></td></tr>
<tr><td colspan="2">编制</td><td>审核</td><td></td><td>批准</td><td></td><td colspan="2">年　月　日</td><td colspan="2">共　页，第　页</td></tr>
</table>

表 3-3　数控加工工序卡

零件名称		锥度轴		夹具名称	自定心卡盘		（单位名称）	
零件图号		图 3-3		夹具编号				
设备名称及型号		数控车床 C_2 -3004/2，GSK980Tb						
工序号	01	工序名称		数控车削加工	材料		45	硬度	—
工步号	工步内容			切削用量			刀具		备注
				n/(r/min)	v_f/(mm/min)	a_p/(mm)	编号	名称	
1	平端面					1～1.5	01	端面车刀	手动
2	外圆加工			800			02	外圆车刀	自动
编制		审核		批准		年　月　日	共　页，第　页	

二、数控编程数学处理

编程时，轮廓上的编程坐标点如图 3-5 所示，其坐标值见表 3-4。

表 3-4　编程坐标点

坐标	A	B	C	D	E	F
X	50	18	24	24	28	28
Z	50	2	-1	-5	-15	-20

三、编制加工程序

锥度轴的数控加工程序示例见表 3-5。

表 3-5　锥度轴数控加工程序示例

零件图号	图 3-3			零件名称	锥度轴	编制		审核	
工序	2	工步	2	夹具名称	自定心卡盘	日期	年　月　日	日期	年　月　日

程序段号	程序内容	说明
	O0003	程序名
N10	T0202	换 2 号刀并进行刀具补偿
N20	M03	主轴正转，转速为 800r/min
N30	G00 X32 Z2	快速接近工件到点 1（32，2）
N40	G00 X28.5 Z2	进刀到点 2（28.5，2）
N50	G01 X28.5 Z-20 F100	车削加工到点 3（28.5，-20）
N60	G01 X32 Z-20	退刀到点 4（32，-20）
N70	G00 X32 Z2	返回点 1（32，2）
N80	G00 X26.5 Z2	进刀到点 6（26.5，2）
N90	G01 X26.5 Z-5	车削加工到点 7（26.5，-5）
N100	G01 X28.5 Z-15	车削加工到点 8（28.5，-15）
N110	G00 X28.5 Z2	退刀，返回点 2（28.5，2）

（续）

零件图号	图3-3			零件名称	锥度轴	编制		审核	
工序	2	工步	2	夹具名称	自定心卡盘	日期	年　月　日	日期	年　月　日
程序段号	程序内容				说明				
N120	G00 X24.5 Z2				进刀到点9（24.5，2）				
N130	G01 X24.5 Z-5				车削加工到点*A*（24.5，-5）				
N140	G01 X28.5 Z-15				车削加工到点8（28.5，-15）				
N150	G00 X28.5 Z2				退刀到点2（28.5，2）				
N160	G00 X18 Z2				进刀到精加工起点*B*（18，2）				
N170	G01 X24 Z-1				精加工倒角到点*C*（24，-1）				
N180	G01 X24 Z-5				精加工外圆到点*D*（24，-5）				
N190	G01 X28 Z-15				精加工锥度到点*E*（28，-15）				
N200	G01 X28 Z-20				精加工外圆到点*F*（28，-20）				
N210	G01 X32 Z-20				退刀到点4（32，-20）				
N220	G00 X32 Z2				返回点1（32，2）				
N230	G00 X50 Z50				返回换刀点（50，50）				
N240	M05				主轴停				
N250	M30				程序结束并返回程序头				

任务实施

1. 加工前的准备

（1）毛坯　ϕ30mm 的 45 钢圆棒料。

（2）刀具　见刀具表或切削用量表。

（3）量具　游标卡尺（0～150mm）、钢直尺（0～300mm）。

（4）机床　$C_2-3004/2$，GSK980Tb。

2. 加工过程（参见情境二任务 1）

1）开机，检查机床各项指标，正常后方可进行操作。

2）编辑程序，建立 O0003 加工程序。

3）校验 O0003 数控加工程序并修改至正确。

4）安装毛坯、刀具，并完成对刀操作。

5）运行 O0003 数控加工程序加工出所需锥度轴零件。

6）用相应的量具检验零件是否合格并入库保存。

任务评价

加工完成后，填写任务评价表（见表 3-6）。

表 3-6　任务评价表

任务名称							
任务评价成绩				指导教师			
类别	序号	任务评价项目	结果	A	B	C	D
编程	1	程序是否能顺利完成加工					
	2	编程格式及关键指令是否使用正确					
	3	程序是否满足零件工艺要求					
	4	通过该零件编程，收获主要有哪些	回答：				
	5	如何完善程序	回答：				
工件、刀具安装	1	刀具安装是否正确					
	2	工件安装是否正确					
	3	刀具安装是否牢固					
	4	工件安装是否牢固					
	5	安装刀具时，需要注意的事项有哪些	回答：				
	6	安装工件时，需要注意的事项有哪些	回答：				
操作加工	1	操作是否规范					
	2	着装是否规范					
	3	切削用量是否符合加工要求					
	4	刀柄和刀片的选用是否合理					
	5	加工时，需要注意的事项有哪些	回答：				
	6	加工时，经常出现的加工误差有哪些	回答：				
精度检测	1	是否了解本零件测量所需各种量具的原理及使用方法					
	2	是否掌握本零件所使用的测量方法					

自我总结：

学生签字：	指导教师签字：

刀尖半径补偿指令 G41、G42、G40

1. 指令功能

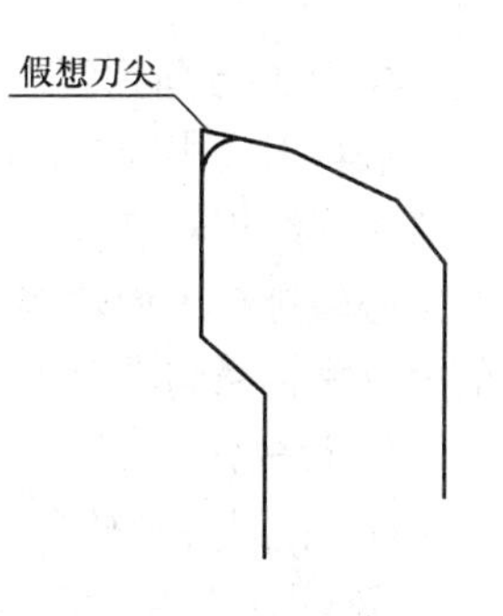

图 3-6　刀具刀尖

编写数控程序和对刀时，车刀刀位点为假想刀尖点，如图 3-6 所示。车削时，实际切削点是刀尖过渡圆弧与零件轮廓面的切点。车削外圆、端面时并无误差产生，因为实际切削刃轨迹与零件轮

廓一致。车削锥面和圆弧时，则会出现欠切削和过切削现象，从而引起加工形状和尺寸误差，使锥面精度达不到要求，如图 3-7 所示。

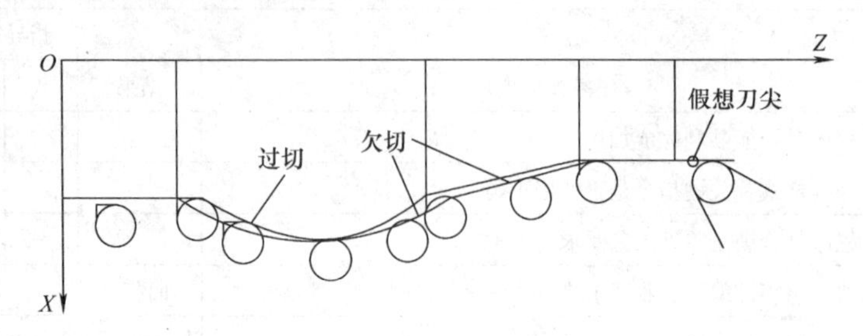

图 3-7　刀具切割轮廓

2. 假想刀尖方向

在实际加工中，由于被加工工件的加工需要，刀具和工件间将会存在不同的位置关系。从刀尖中心看，假想刀尖的方向由切削中刀具的方向决定。

假想刀尖号码定义了假想刀尖点与刀尖圆弧中心的位置关系，假想刀尖号码共有 10（0～9）种设置，表达了 9 个方向的位置关系，如图 3-8 所示。假想刀尖号码必须在进行刀尖半径补偿前与补偿量一起设置在刀尖半径补偿存储器中。

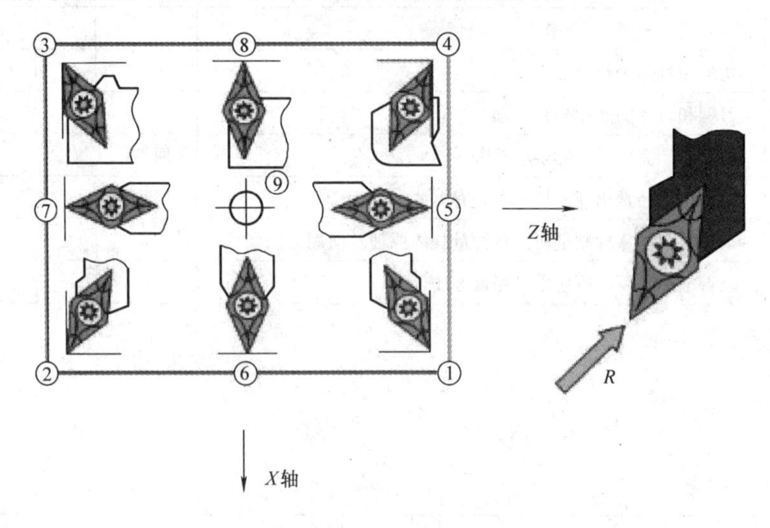

图 3-8　前置式刀具刀尖方位

3. 补偿方向判断

进行刀尖半径补偿时，必须指定刀具与工件的相对位置。在后刀座坐标系中，当刀具中心轨迹在编程轨迹（零件轨迹）前进方向的右边时，称为右刀补，用 G42 指令实现；当刀具中心轨迹在编程轨迹（零件轨迹）前进方向的左边时，称为左刀补，用 G41 指令实现。前刀座坐标系与其反之，如图 3-9 所示。

4. 指令代码

G41：刀尖半径左补偿（沿加工方向看，刀具位于轮廓左侧时为左补偿）。

G42：刀尖半径右补偿（沿加工方向看，刀具位于轮廓右侧时为右补偿）。

G40：取消刀具半径补偿。

G41、G42、G40 均为模态代码。正常建立刀补后，G41、G42 后可跟 G02、G03 指令。

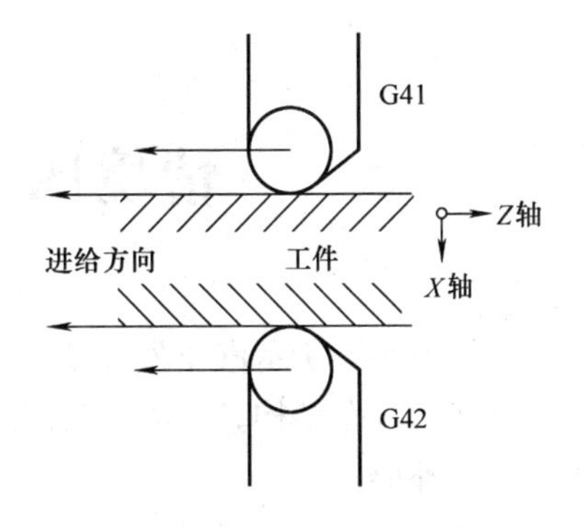

图 3-9　前刀座刀尖半径补偿

5. 指令格式

（1）刀具半径左补偿

G41 G00 X __ Z __;　　（调用刀具半径补偿）

G40 G00 X __ Z __;　　（取消刀具半径补偿）

（2）刀具半径右补偿

G42 G00 X __ Z __;　　（调用刀具半径补偿）

G40 G00 X __ Z __;　　（取消刀具半径补偿）

情境四　发动机带轮的加工

分析图 4-1 所示汽车发动机外观图，指出图中哪些零件带有沟槽。查阅资料（如教科书、网络、汽车结构教材等），了解如何在零件上加工出沟槽，以及用什么方法将毛坯加工成现在的外形。

图 4-1　汽车发动机外观图

根据观察完成表 4-1。

表 4-1　汽车发动机外观

序号	带有沟槽的零件	零件上如何加工出沟槽	用什么方法将毛坯加工成现在的外形
1			
2			
3			
4			

任务1　简单沟槽的加工

学习目标

1. 完成直槽类零件的加工工艺分析。
2. 编制直槽类零件的加工工艺卡片。
3. 完成刀具卡片的填写。
4. 完成零件数控加工程序的编写。
5. 完成直槽类零件的加工。
6. 完成检测、自我评价，记录工作结果。

任务引入

如图4-2所示，汽车发动机的带轮上开有几条直槽。通过本任务的学习，完成带有直槽类零件和需切断零件的加工。

图4-2　汽车发动机带轮

任务分析

图4-3所示是一个外沟槽零件，本任务的要求如下：

1）仔细阅读零件图样，进行加工工艺分析和工艺准备，编写零件的工艺文件（工艺卡片、刀具卡片），编制零件的数控加工程序。

2）在规定的时间内，按图4-3的要求完成外沟槽零件的数控车削加工。

3）毛坯尺寸为ϕ30mm，无特殊要求。

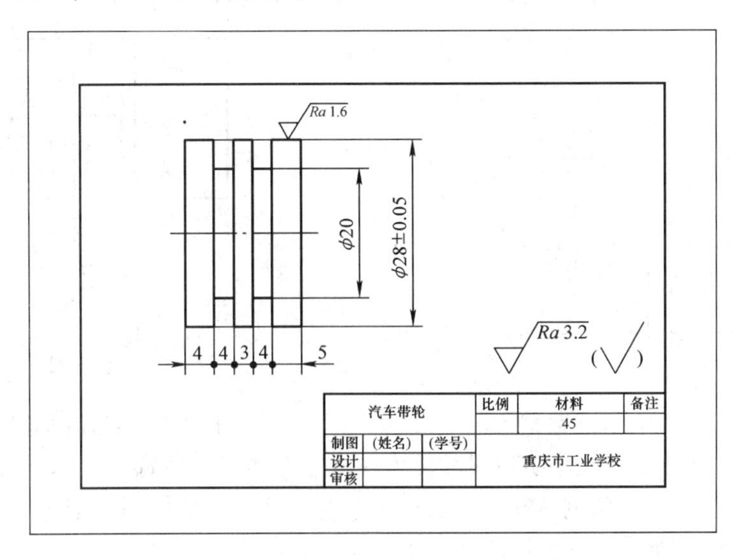

图4-3　汽车带轮零件图

任务准备

一、加工工艺的拟订

1. 工艺分析及加工方法选择

该外沟槽零件是表面形状较简单的回转轴类零件。其轮廓由外圆柱面和直槽组成，零件材料为45钢，毛坯为ϕ30mm的棒料，长度为45mm，无热处理和硬度要求，适合在数控车床上加工。

2. 定位基准和装夹方式的确定

（1）定位　以坯料左端外圆和轴线为定位基准。

（2）装夹　左端不加工的ϕ30mm处采用自定心卡盘夹持。

3. 工件坐标系的确定

工件坐标系设在工件的右端面与轴线的交点处，如图4-4所示。

4. 对刀点和换刀点的确定

本零件的对刀点和换刀点设在同一点：以工件右端面中心为工件原点，(50，50)处为换刀点。

5. 加工路线的确定

在车槽加工中，由于刀具主要是径向受力加工，故进给路线与90°外圆车刀加工有所区别。

（1）进给路线

1）窄槽的加工方法。当槽宽度尺寸不大时，可选用刀体宽度等于槽宽的车槽刀，一次进给车出沟槽，如图4-5所示。编程时，还可用G04指令在刀具车至槽底时停留一定时间，以光整槽底。本任务零件右端的两个窄槽即采用这种加工方法。

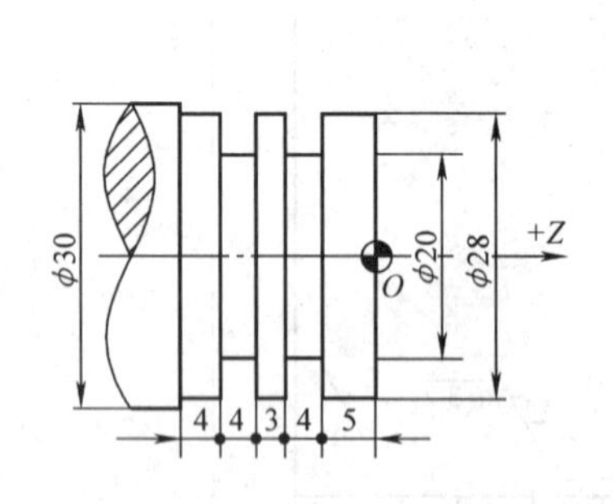

图4-4　工件坐标系

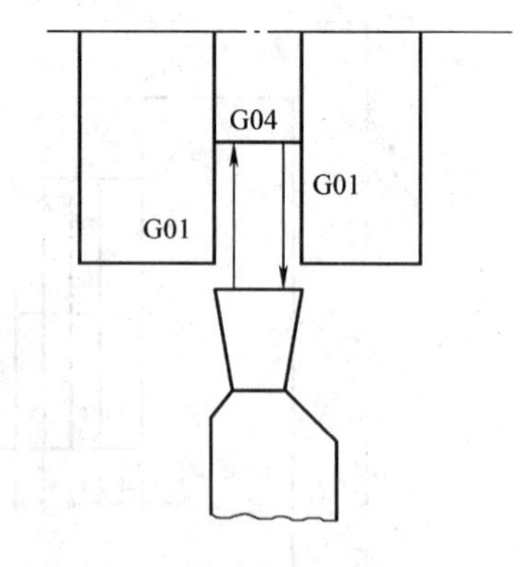

图4-5　窄槽加工进给路线

2）宽槽的加工方法。当槽宽度尺寸较大（大于车槽刀刀体宽度）时，应采用多次进给法加工，并在槽底及槽壁两侧留有一定的精车余量，然后根据槽底、槽宽尺寸进行精加工。宽槽加工的进给路线如图4-6所示。

（2）车槽时应注意的问题

1）车槽刀有左、右两个刀尖及切削刃中心三个刀位点。整个加工程序中应采用同一个

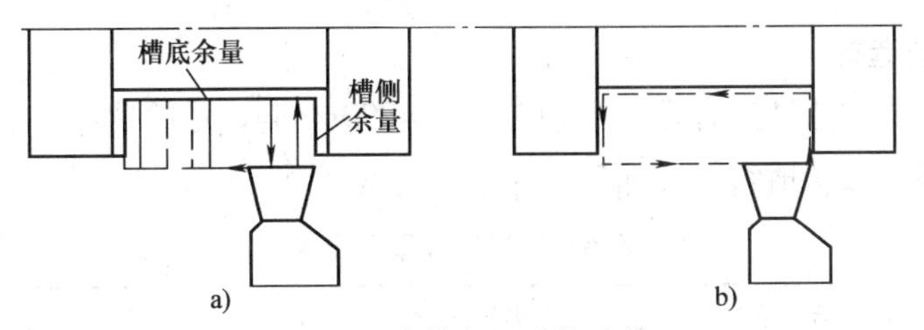

图 4-6　宽槽加工进给路线

a）宽槽粗加工　b）宽槽精加工

到位点，一般采用左侧刀尖作为刀位点，这样对刀、编程比较方便，如图 4-7 所示。本任务采用左侧刀尖作为刀位点。

2）车槽过程中，退刀路线应合理，以避免撞刀；车槽后应先沿 X 向退刀，再沿 Z 向退刀。

外沟槽零件的进给路线为：换刀点→1→2→3→4→5→6→1→换刀点，如图 4-8 所示。

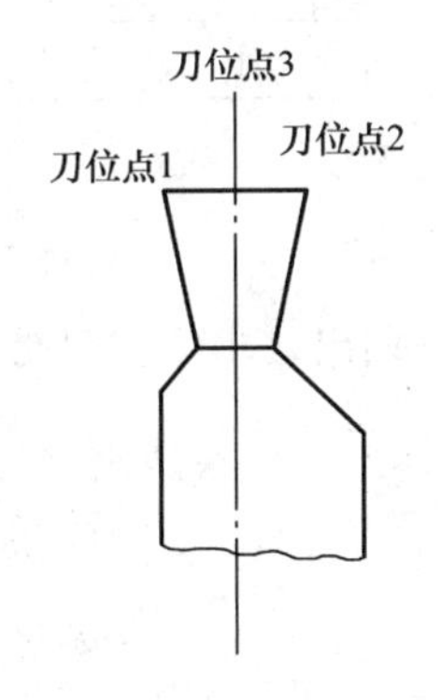

图 4-7　刀具刀尖点

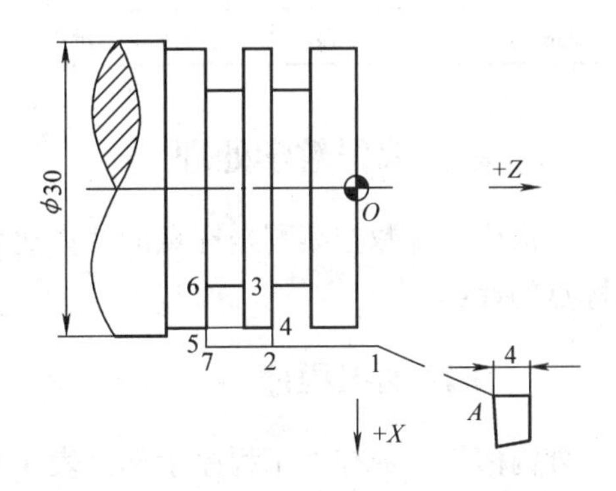

图 4-8　外沟槽零件加工的进给路线

6. 刀具的选择

加工材料为 45 钢，选用 90°硬质合金外圆车刀车外圆，选用高速钢车槽刀车沟槽，刀体宽度为 4mm，长度大于 10mm。

将选中的刀具填入数控车床刀具调整卡（见表 4-2），以便进行编程及操作管理。

表 4-2　数控车床刀具调整卡

零件名称		汽车带轮	（单位名称）					零件图号	图 4-3
设备名称		数控车床	设备型号	C_2 -3004/2，GSK980Tb				程序号	O0004
材料		45	硬度		工序名称	数控车削加工	工序号	01	
序号	刀具编号	刀具名称	刀片材料牌号	刀具参数				刀补地址	
				刀尖圆弧		位置		半径	长度
				刀尖	半径	X 向	Z 向		
1	T01	90°外圆车刀							
2	T02	车槽刀						02	
编制		审核		批准		年　月　日		共　页，第　页	

7. 切削用量的选择

车槽时切削用量的选择应合理，主轴转速 $n=200\text{r/min}$，进给速度 $v_f=30\text{mm/min}$。

综合前面各项内容，填写数控加工工序卡（见表4-3）。

表4-3　数控加工工序卡

零件名称	汽车带轮		夹具名称	自定心卡盘		(单位名称)		
零件图号	图4-3		夹具编号					
设备名称及型号	数控车床 $C_2-3004/2$，GSK980Tb							
工序号	01	工序名称	数控车削加工	材料名称及编号		45	硬度	—
工步号	工步内容		切削用量			刀具		备注
			n/(r/min)	v_f/(mm/min)	a_p/(mm)	编号	名称	
1								
2								
编制		审核		批准		年　月　日	共　页，第　页	

二、数控编程数学处理

外沟槽零件数控编程坐标点的计算比较简单，这里不一一列出，由学生自行完成各编程坐标点的计算。

三、编制加工程序

外沟槽零件数控加工程序示例见表4-4。

表4-4　外沟槽零件数控加工程序示例

零件图号	图4-3			零件名称	汽车带轮	编制		审核	
工序	2	工步	2	夹具名称	自定心卡盘	日期	年　月　日	日期	年　月　日
程序段号	程序内容			说明					
	O0004			程序名					
N10	T0101			换1号刀并进行刀具补偿					
N20	M03			主轴正转，转速为800r/min					
N30	G00 X32 Z2								
N40	G00 X28.5 Z2								
N50	G01 X28.5 Z-20 F100			外圆粗加工					
N60	G00 X32 Z2								
N70	G01 X28 Z2								
N80	G01 X28 Z-20			外圆精加工					
N90	G00 X50 Z50								
N100	M05								

（续）

零件图号	图4-3		零件名称	汽车带轮	编制		审核	
工序	2	工步 2	夹具名称	自定心卡盘	日期	年　月　日	日期	年　月　日

程序段号	程序内容	说明
N110	M00	
N120	M03	主轴正转，转速为200r/min
N130	T0202	换2号刀并进行刀具补偿
N140	G00 X32 Z2	刀具快速移动到点1（32，2）
N150	G01 X32 Z-9	调整加工位置到点2（32，-9）
N160	G01 X20 Z-9 F30	加工到点3（20，-9），进给速度为30mm/min
N170	G04 X3	暂停3s
N180	G00 X28.5 Z-9	退刀返回点4（28.5，-9）
N190	G00 X28.5 Z-16	调整加工位置到点5（32，-16）
N200	G01 X20 Z-16 F30	加工到点6（20，-16），进给速度为30mm/min
N210	G04 X3	暂停3s
N220	G00 X32 Z-16	退刀返回点7（32，-16）
N230	G00 X32 Z2	返回点1（32，2）
N240	G00 X50 Z50	返回换刀点（50，50）
N250	M05	
N260	M30	

任务实施

1. 加工前的准备

（1）毛坯　ϕ30mm的45钢圆棒料。

（2）刀具　见刀具表或切削用量表。

（3）量具　游标卡尺（0~150mm）、钢直尺（0~300mm）。

（4）机床　C_2-3004/2，GSK980Tb。

2. 加工过程（参加项目二任务1）

1）开机，检查机床各项指标，正常后方可操作。

2）编辑程序，建立O0004数控加工程序。

3）校验O0004数控加工程序并修改至正确。

4）安装毛坯、刀具，并完成对刀操作。

5）运行O0004数控加工程序，加工出所需零件。

6）用量具检验零件是否合格。

任务评价

加工完成后，填写任务评价表（见表4-5）。

表4-5 任务评价表

任务名称							
任务自我评价成绩				指导教师			
类别	序号	任务评价项目	结果	A	B	C	D
编程	1	程序是否能顺利完成加工					
	2	编程格式及关键指令是否使用正确					
	3	程序是否满足零件工艺要求					
	4	通过该零件编程，收获主要有哪些	回答：				
	5	如何完善程序	回答：				
工件刀具安装	1	刀具安装是否正确					
	2	工件安装是否正确					
	3	刀具安装是否牢固					
	4	工件安装是否牢固					
	5	安装刀具时，需要注意的事项有哪些	回答：				
	6	安装工件时，需要注意的事项有哪些	回答：				
操作加工	1	操作是否规范					
	2	着装是否规范					
	3	切削用量是否符合加工要求					
	4	刀柄和刀片的选用是否合理					
	5	加工时，需要注意的事项有哪些					
	6	加工时，经常出现的加工误差有哪些					
精度检测	1	是否了解本零件测量所需各种量具的原理及使用方法					
	2	是否掌握本零件所使用的测量方法					
自我总结：							
学生签字：			指导教师签字：				

知识拓展

暂停指令G04

（1）指令格式　G04 P __；或G04 X __；

（2）指令功能　执行本指令进给暂停一定时间后，执行下一段程序，常用于车槽、车端面、锪孔等场合，以提高表面质量。

（3）指令说明

1）P、X 后均为暂停时间，P 后面的参数是不带小数点的数字，单位为 ms；X 后面的参数是带小数点的数，单位为 s。

2）不指定 P、X 时，表示程序段间准停。

（4）示例

G04　X5；　　　　（暂停 5s）

G04　P50；　　　（暂停 50ms）

任务 2　斜槽的加工

学习目标

1. 完成斜槽类零件的加工工艺分析。
2. 编制斜槽类零件的加工工艺卡片。
3. 完成刀具卡片的填写。
4. 完成斜槽类零件数控加工程序的编写。
5. 完成斜槽类零件的加工。
6. 完成检测、自我评价，记录工作结果。

任务引入

机械设备上经常用到带有如图 4-9 所示锥度槽的工件，通过本任务的学习，完成锥度槽的数控加工。

图 4-9　V 带轮

任务分析

图 4-10 所示是一个斜槽类零件，本任务的要求如下：

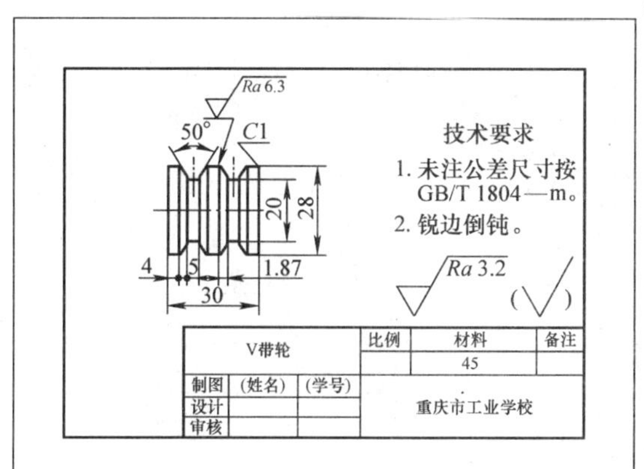

图 4-10　V 带轮零件图

1）仔细阅读零件图样，进行加工工艺分析和工艺准备，编写零件的工艺文件（工艺卡片、刀具卡片），编制零件的数控加工程序。

2）在规定的时间内，按图4-10的要求完成V带轮零件的数控车削加工。

任务分析

毛坯尺寸为ϕ30mm，可以先将外圆车至ϕ28mm，再在外圆柱面上车出两个深度为4mm的斜槽。要求槽底光滑平整，可选用90°外圆车刀和车槽刀进行加工。

任务准备

一、加工工艺的拟订

1. 加工工艺分析

零件材料为45钢，毛坯为ϕ30mm的棒料，长度为55mm无热处理和硬度要求，适合在数控车床上加工。

2. 定位基准和装夹方式的确定

（1）定位　以坯料左端外圆和轴线为定位基准。

（2）装夹　左端不加工的ϕ30mm处采用自定心卡盘夹持。

3. 工件坐标系的确定

工件坐标系原点设在工件右端面与轴线的交点处。

4. 刀具的选择

加工材料为45钢，选用90°硬质合金外圆车刀车外圆，选用高速钢车槽刀车削斜槽，刀体宽度为4mm，长度应大于10mm。

将选中的刀具填入数控车床刀具调整卡（见表4-6），以便进行编程及操作管理。

表4-6　数控车床刀具调整卡

<table>
<tr><td colspan="2">零件名称</td><td colspan="2">V带轮</td><td colspan="8">（单位名称）</td><td colspan="2">零件图号</td><td colspan="2">图4-10</td></tr>
<tr><td colspan="2">设备名称</td><td colspan="2">数控车床</td><td colspan="2">设备型号</td><td colspan="6">C_2－3004/2，GSK980Tb</td><td colspan="2">程序号</td><td colspan="2">O0005</td></tr>
<tr><td colspan="2">材料</td><td>45</td><td>硬度</td><td colspan="2">—</td><td colspan="2">工序名称</td><td colspan="2">数控车削加工</td><td colspan="2">工序号</td><td colspan="4">01</td></tr>
<tr><td rowspan="3">序号</td><td rowspan="3">刀具编号</td><td rowspan="3" colspan="2">刀具名称</td><td rowspan="3">刀片材料牌号</td><td colspan="8">刀具参数</td><td colspan="3">刀补地址</td></tr>
<tr><td colspan="4">刀尖圆弧</td><td colspan="4">位置</td><td colspan="2">半径</td><td>长度</td></tr>
<tr><td colspan="2">刀尖</td><td colspan="2">半径</td><td colspan="2">X向</td><td colspan="2">Z向</td><td colspan="3"></td></tr>
<tr><td>1</td><td>T01</td><td colspan="2">90°外圆车刀</td><td></td><td colspan="2"></td><td colspan="2"></td><td colspan="2"></td><td colspan="2"></td><td colspan="2"></td><td></td></tr>
<tr><td>2</td><td>T02</td><td colspan="2">切槽车刀</td><td></td><td colspan="2"></td><td colspan="2"></td><td colspan="2"></td><td colspan="2"></td><td colspan="2"></td><td></td></tr>
<tr><td colspan="2">编制</td><td></td><td>审核</td><td colspan="2"></td><td>批准</td><td colspan="2"></td><td colspan="4">年　月　日</td><td colspan="3">共　页，第　页</td></tr>
</table>

5. 进给路线的确定

先用外圆车刀粗、精加工外圆，然后换车槽刀车斜槽。车斜槽时要注意车槽刀的使用方法，本任务中，斜槽的粗加工必须采用三次车削。采用左侧刀尖作为刀位点。斜槽加工进给

路线为：换刀点→1→2→3→2→4→5→6…，如图 4-11 所示。

6. 切削用量的选择

粗车轮廓时单边切入，$a_p = 1 \sim 1.5\text{mm}$；精加工余量为 0.5mm（直径），即 $a_p = 0.5\text{mm}$。主轴转速 $n = 800\text{r/min}$，进给速度 $v_f = 100\text{mm/min}$。

车槽时，主轴转速 $n = 200\text{r/min}$，进给速度 $v_f = 30\text{mm/min}$。

综合前面各项内容，填写数控加工工序卡（见表 4-7）。

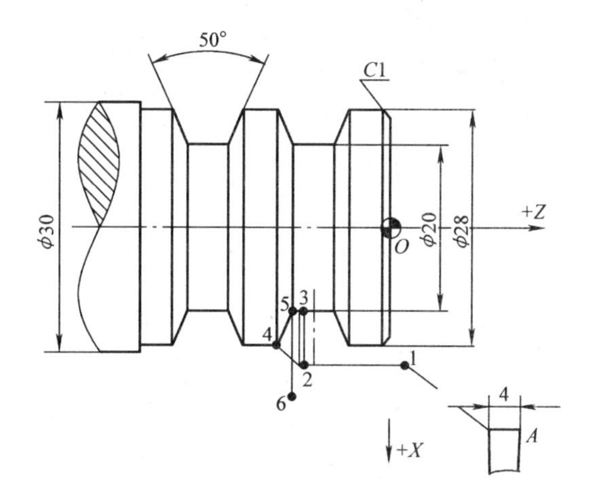

图 4-11　斜槽加工进给路线

表 4-7　数控加工工序卡

<table>
<tr><td>零件名称</td><td colspan="2">V 带轮</td><td colspan="2">夹具名称</td><td colspan="2">自定心卡盘</td><td colspan="3" rowspan="2">（单位名称）</td></tr>
<tr><td>零件图号</td><td colspan="2">图 4-10</td><td colspan="2">夹具编号</td><td colspan="2"></td></tr>
<tr><td colspan="2">设备名称及型号</td><td colspan="8">数控车床 C_2 - 3004/2，GSK980Tb</td></tr>
<tr><td>工序号</td><td>01</td><td>工序名称</td><td colspan="2">数控车削加工</td><td colspan="2">材料</td><td>45</td><td>硬度</td><td>—</td></tr>
<tr><td rowspan="2">工步号</td><td colspan="2" rowspan="2">工步内容</td><td colspan="4">切削用量</td><td colspan="2">刀具</td><td rowspan="2">备注</td></tr>
<tr><td>n/(r/min)</td><td>v_f/(mm/min)</td><td colspan="2">a_p/(mm)</td><td>编号</td><td>名称</td></tr>
<tr><td>1</td><td colspan="2"></td><td></td><td></td><td colspan="2"></td><td></td><td></td><td></td></tr>
<tr><td>2</td><td colspan="2"></td><td></td><td></td><td colspan="2"></td><td></td><td></td><td></td></tr>
<tr><td>编制</td><td></td><td>审核</td><td></td><td>批准</td><td></td><td colspan="2">年　月　日</td><td colspan="2">共　页，第　页</td></tr>
</table>

二、数控编程数学处理

本任务零件编程时所需的部分刀位点坐标如图 4-11 所示，其坐标值见表 4-8。

表 4-8　刀位点坐标　　（单位：mm）

坐标	换刀点	1	2	3	4	5	6
X	50	32	32	20	28	20	32
Z	50	2	-11.37	-11.37	-13.74	-11.87	-11.87

三、编制数控加工程序

本工件全部采用手工编程。编程时，以工件轴线与右端面的交点为工件坐标系原点。斜槽数控加工程序示例见表 4-9。

表4-9 斜槽数控加工程序示例

<table>
<tr><td>零件图号</td><td colspan="3">图4-10</td><td>零件名称</td><td>V带轮</td><td>编制</td><td></td><td>审核</td><td></td></tr>
<tr><td>工序</td><td>2</td><td>工步</td><td>2</td><td>夹具名称</td><td>自定心卡盘</td><td>日期</td><td>年 月 日</td><td>日期</td><td>年 月 日</td></tr>
<tr><td>程序段号</td><td colspan="4">程序内容</td><td colspan="5">说明</td></tr>
<tr><td></td><td colspan="4">O0005</td><td colspan="5">程序名</td></tr>
<tr><td>N10</td><td colspan="4">T0101</td><td colspan="5">换2号刀并进行刀具补偿</td></tr>
<tr><td>N20</td><td colspan="4">M03</td><td colspan="5">主轴正转，转速为800r/min</td></tr>
<tr><td>N30</td><td colspan="4">G00 X32 Z2</td><td colspan="5">快速接近工件到点（32，2）</td></tr>
<tr><td>N40</td><td colspan="4">G00 X28.5 Z2</td><td colspan="5">调整背吃刀量到点（28，2）</td></tr>
<tr><td>N50</td><td colspan="4">G01 X28.5 Z-31 F100</td><td colspan="5">车削加工到点（28，-10），进给速度为100mm/min</td></tr>
<tr><td>N60</td><td colspan="4">G00 X32 Z2</td><td colspan="5"></td></tr>
<tr><td>N70</td><td colspan="4">G01 X28 Z2</td><td colspan="5"></td></tr>
<tr><td>N80</td><td colspan="4">G01 X28 Z-31</td><td colspan="5"></td></tr>
<tr><td>N90</td><td colspan="4">G00 X50 Z50</td><td colspan="5"></td></tr>
<tr><td>N100</td><td colspan="4">M05</td><td colspan="5"></td></tr>
<tr><td>N110</td><td colspan="4">M00</td><td colspan="5"></td></tr>
<tr><td>N120</td><td colspan="4">M30</td><td colspan="5"></td></tr>
<tr><td>N130</td><td colspan="4">T0202</td><td colspan="5"></td></tr>
<tr><td>N140</td><td colspan="4">G00 X32 Z2</td><td colspan="5">粗加工右侧槽</td></tr>
<tr><td>N150</td><td colspan="4">G00 X32 Z-11.37</td><td colspan="5">刀具左刀尖到点2（32，-11.37）</td></tr>
<tr><td>N160</td><td colspan="4">G01 X20 Z-11.37 F30</td><td colspan="5">车削加到点3（20.2，-11.37），进给速度为30mm/min</td></tr>
<tr><td>N170</td><td colspan="4">G00 X32 Z-11.37</td><td colspan="5"></td></tr>
<tr><td>N180</td><td colspan="4">G00 X32 Z-13.74 F100</td><td colspan="5"></td></tr>
<tr><td>N190</td><td colspan="4">G01 X28.2 Z-13.74</td><td colspan="5">刀具左刀尖到点5（28.2，-13.74）</td></tr>
<tr><td>N200</td><td colspan="4">G01 X20.2 Z-11.87 F30</td><td colspan="5">车削加工到点6（20.2，-11.87），进给速度为30mm/min</td></tr>
<tr><td>N210</td><td colspan="4">G00 X32 Z-11.87</td><td colspan="5">退刀到点7（32，-11.87）</td></tr>
<tr><td>N220</td><td colspan="4">G00 X32 Z-9</td><td colspan="5">刀具左刀尖到点8（32，-9）</td></tr>
<tr><td>N230</td><td colspan="4">G01 X28.2 Z-9</td><td colspan="5">刀具左刀尖到点9（28.2，-9）</td></tr>
<tr><td>N240</td><td colspan="4">G01 X20 Z-10.87</td><td colspan="5">刀具左刀尖到点A（28.2，-10.87）</td></tr>
<tr><td>N250</td><td colspan="4">G00 X32 Z-10.87</td><td colspan="5">退刀到点B（32，-10.87）</td></tr>
<tr><td>…</td><td colspan="4">…</td><td colspan="5">粗加工左侧槽（略），学生参照编写</td></tr>
<tr><td>N270</td><td colspan="4">G00 X32 Z-13.74</td><td colspan="5">精加工右侧槽</td></tr>
<tr><td>N280</td><td colspan="4">G01 X28 Z-13.74</td><td colspan="5">刀具左刀尖到点C（28，-13.74）</td></tr>
<tr><td>N290</td><td colspan="4">G01 X20 Z-11.87 F30</td><td colspan="5">车削加工到点D（20，-11.87），进给速度为30mm/min</td></tr>
<tr><td>N300</td><td colspan="4">G00 X32 Z-11.87</td><td colspan="5">退刀到点7（32，-11.87）</td></tr>
<tr><td>N310</td><td colspan="4">G00 X32 Z-9</td><td colspan="5">刀具左刀尖到点9（28.2，-9）</td></tr>
<tr><td>N320</td><td colspan="4">G01 X28 Z-9</td><td colspan="5">刀具左刀尖到点E（28.2，-10.87）</td></tr>
<tr><td>N330</td><td colspan="4">G01 X20 Z-10.87 F30</td><td colspan="5">车削加工到点F（20，-11.87）</td></tr>
</table>

（续）

零件图号	图4-10			零件名称	V带轮	编制		审核	
工序	2	工步	2	夹具名称	自定心卡盘	日期	年　月　日	日期	年　月　日
程序段号	程序内容			说明					
N340	G00 X32 Z-10.87			退刀到点 *B*（32，-11.87）					
…	…			精加工左侧槽（略），学生参照编写					
N360	G00 X32 Z2								
N250	G00 X50 Z50								
N260	M05								
N270	M30								

任务实施

1. 加工前的准备

（1）毛坯　ϕ30mm 的45钢圆棒料。

（2）刀具　见刀具表或切削用量表。

（3）量具　游标卡尺（0~150mm）、钢直尺（0~300mm）。

（4）机床　C_2-3004/2，GSK980Tb。

2. 加工过程（参见情境二任务1）

1）开机，检查机床各项指标，正常后方可操作。

2）编辑程序，建立O0005数控加工程序。

3）校验O0005数控加工程序并修改至正确。

4）安装毛坯、刀具，并完成对刀工作。

5）运行O0005数控加工程序，加工出所需V带轮零件。

6）用量具检验零件是否合格。

任务评价

加工完成后，填写任务评价表（见表4-10）。

表4-10　任务评价表

任务名称							
任务评价成绩				指导教师			
类别	序号	任务评价项目	结果	A	B	C	D
编程	1	程序是否能顺利完成加工					
	2	编程格式及关键指令是否使用正确					
	3	程序是否满足零件工艺要求					
	4	通过该零件编程，收获主要有哪些	回答：				
	5	如何完善程序	回答：				

（续）

任务名称							
任务评价成绩				指导教师			
类别	序号	任务评价项目	结果	A	B	C	D
工件刀具安装	1	刀具安装是否正确					
	2	工件安装是否正确					
	3	刀具安装是否牢固					
		工件安装是否牢固					
		安装刀具时，需要注意的事项有哪些	回答：				
		安装工件时，需要注意的事项有哪些	回答：				
操作加工	1	操作是否规范					
	2	着装是否规范					
	3	切削用量是否符合加工要求					
	4	刀柄和刀片的选用是否合理					
	5	加工时，需要注意的事项有哪些	回答：				
		加工时，经常出现的加工误差有哪些	回答：				
精度检测	1	是否了解本零件测量所需各种量具的原理及使用方法					
	2	是否掌握本零件所使用的测量方法					

自我总结：

学生签字：	指导教师签字：

情境五　成形面零件的加工

分析图 5-1 所示的汽车减振架图，指出图中哪些零件是由圆弧面或球头构成的。查阅资料（如教科书、网络、汽车结构教材等），了解各零件是如何加工出球头的。

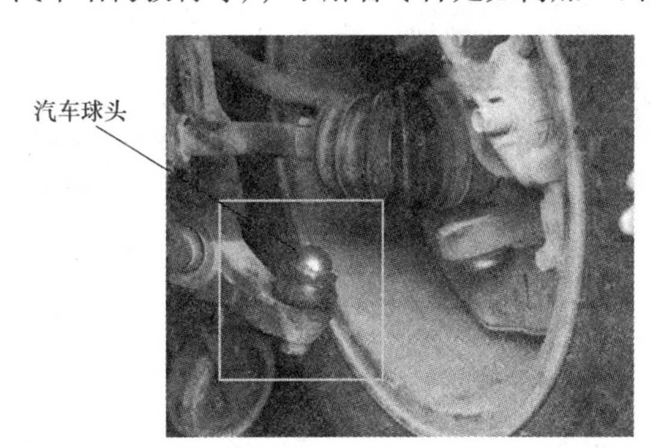

图 5-1　汽车减振架

根据观察完成表 5-1。

表 5-1　汽车减振架结构

序号	由圆弧面或球头构成的零件	零件是如何加工出球头的
1		
2		
3		
4		

任务 1　简单成形面零件的加工

学习目标

1. 完成简单成形面零件的加工工艺分析。
2. 编制简单成形面零件的加工工艺卡片。
3. 完成刀具卡片的填写。
4. 完成简单成形面零件数控加工程序的编写。

5. 完成简单成形面零件的加工。
6. 完成检测、自我评价，记录工作结果。

任务引入

机械设备上经常用到图 5-2 所示的带有成形面的工件。通过本任务的学习，应掌握成形面零件的数控加工方法。

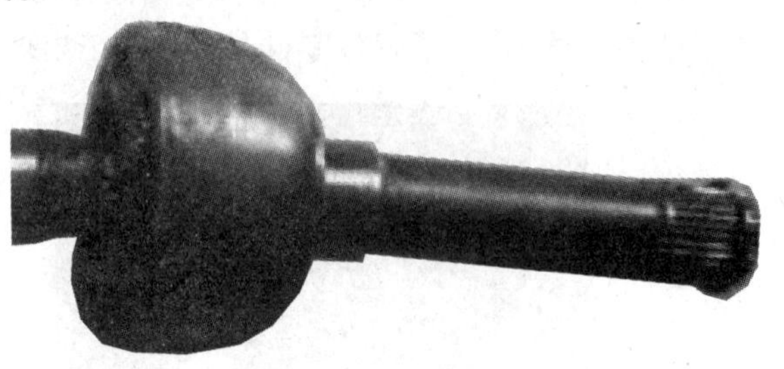

图 5-2　汽车联轴器

任务分析

图 5-3 所示为一个带有圆弧面的零件，本任务的要求如下：

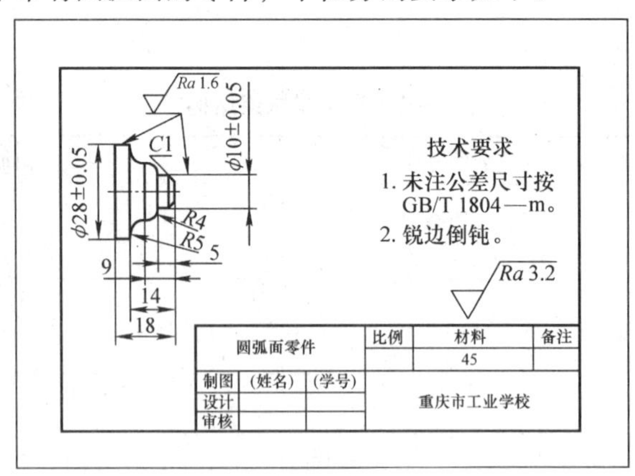

图 5-3　圆弧面零件图

1）仔细阅读零件图样，进行加工工艺分析和工艺准备，编写零件的工艺文件（工艺卡片、刀具卡片），编制零件数控加工程序。

2）在规定的时间内，按图 5-3 的要求完成圆弧面零件的数控车削加工。

3）毛坯尺寸为 ϕ30mm，无特殊要求。

任务准备

一、加工工艺的拟订

1. 工艺分析及加工方法的选择

该圆弧面零件是表面由多段圆弧构成的回转轴类零件。零件材料为 45 钢，毛坯为

ϕ30mm 的棒料，长度为 45mm，无热处理和硬度要求，适合在数控车床上加工。

2. 定位基准和装夹方式的确定

（1）定位 以坯料左端外圆和轴线为定位基准。

（2）装夹 左端不加工的 ϕ30mm 外圆处采用自定心卡盘夹持。

3. 工件坐标系的确定

工件坐标系原点设在工件右端面与轴线的交点处。

4. 对刀点和换刀点的确定

本工件对刀点和换刀点设在同一点：以工件右端面中心为工件原点，（50，50）处为对刀点和换刀点。

5. 进给路线的确定

圆弧面零件的进给路线如图 5-4 所示，由换刀点→1→2→3→4→1→5→6→7→2…I→J→D→C 的顺序完成零件的粗加工，由 C→K→L→M→N→P→Q→4→1→换刀点的顺序完成零件的精加工。

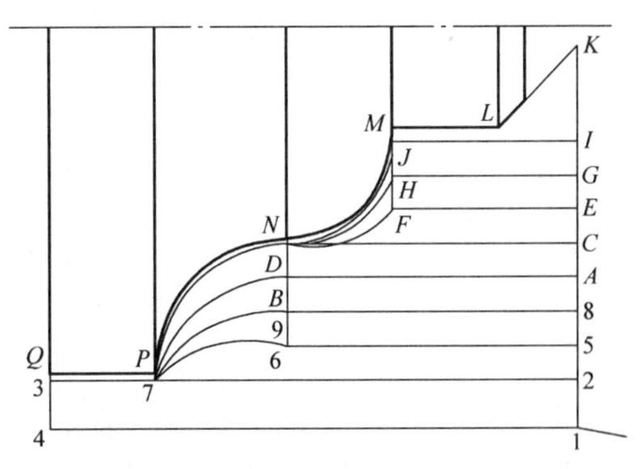

图 5-4 圆弧面加工进给路线

6. 刀具的选择

1）平端面选用 45°端面车刀。

2）外圆加工选用 93°外圆车刀。

将选中的刀具填入数控车床刀具调整卡（见表 5-2），以便进行编程及操作管理。

表 5-2 数控车床刀具调整卡

<table>
<tr><td colspan="2">零件名称</td><td colspan="2">圆弧轴</td><td colspan="8">（单位名称）</td><td colspan="2">零件图号</td><td colspan="2">图 5-3</td></tr>
<tr><td colspan="2">设备名称</td><td colspan="2">数控车床</td><td colspan="2">设备型号</td><td colspan="6">C2－3004/2，GSK980Tb</td><td colspan="2">程序号</td><td colspan="2">O0006</td></tr>
<tr><td colspan="2">材料</td><td>45</td><td>硬度</td><td colspan="2">—</td><td colspan="2">工序名称</td><td colspan="2">数控车削加工</td><td colspan="2">工序号</td><td colspan="4">01</td></tr>
<tr><td rowspan="3">序号</td><td rowspan="3">刀具编号</td><td rowspan="3" colspan="2">刀具名称</td><td rowspan="3">刀片材料牌号</td><td colspan="8">刀具参数</td><td colspan="3">刀补地址</td></tr>
<tr><td colspan="4">刀尖圆弧</td><td colspan="4">位置</td><td rowspan="2" colspan="2">半径</td><td rowspan="2">长度</td></tr>
<tr><td colspan="2">刀尖</td><td colspan="2">半径</td><td colspan="2">X 向</td><td colspan="2">Z 向</td></tr>
<tr><td>1</td><td>T01</td><td colspan="2">45°端面车刀</td><td></td><td colspan="2"></td><td colspan="2"></td><td colspan="2"></td><td colspan="2"></td><td colspan="2"></td><td></td></tr>
<tr><td>2</td><td>T02</td><td colspan="2">93°外圆车刀</td><td></td><td colspan="2"></td><td colspan="2"></td><td colspan="2"></td><td colspan="2"></td><td colspan="2"></td><td></td></tr>
<tr><td>编制</td><td></td><td colspan="2">审核</td><td></td><td colspan="2">批准</td><td colspan="2"></td><td colspan="4">年 月 日</td><td colspan="3">共 页，第 页</td></tr>
</table>

7. 切削用量的选择

背吃刀量：粗车轮廓时单边切入，$a_p = 2$mm；精加工余量为 0.5mm，即 $a_p = 0.5$mm。主轴转速 $n = 800$r/min，进给速度 $v_f = 100$mm/min。

综合前面各项内容，填写数控加工工序卡（见表 5-3）。

二、数控编程数学处理

圆弧面零件形状简单，编程时所需的刀位点坐标如图 5-4 所示。

表 5-3　数控加工工序卡

零件名称	圆弧面零件		夹具名称	自定心卡盘	（单位名称）		
零件图号	图 5-3		夹具编号				
设备名称及型号	数控车床，$C_2-3004/2$，GSK980Tb						
工序号	01	工序名称	数控车削加工	材料	45	硬度	—
工步号	工步内容	切削用量			刀具		备注
		n/(r/min)	v_f/(mm/min)	a_p/(mm)	编号	名称	
1	平端面				01	端面车刀	手动
2	外轮廓加工	800		2	02	外圆车刀	自动
编制		审核		批准		年　月　日	共　页，第　页

三、编制数控加工程序

圆弧面零件全部采用手工编程。编程时，以工件轴线与右端面的交点为工件坐标系原点。圆弧面零件数控加工程序示例见表 5-4。

表 5-4　圆弧面零件数控加工程序示例

零件图号	图 5-3			零件名称	圆弧面零件	编制		审核	
工序	2	工步	2	夹具名称	自定心卡盘	日期	年　月　日	日期	年　月　日
程序段号	程序内容			说明					
	O0001			程序名					
N10	T0202			换 2 号刀并进行刀具补偿					
N20	M03			主轴正转，转速为 800r/min					
N30	G00 X32 Z2			快速接近工件到点 1					
N40	G00 X28.5 Z2			调整背吃刀量到点 2					
N50	G01 X28.5 Z-18 F100			车削加工到点 3，进给速度为 100mm/min					
N60	G01 X32 Z-18			退刀到点 4					
N70	G00 X32 Z2			返回点 1					
N80	G00 X26.5 Z2								
N90	G01 X26.5 Z-9 F100								
N100	G02 X28.5 Z-14 R5			粗加工圆弧 R5mm 段					
N110	G00 X28.5 Z2								
N120	G00 X24.5 Z2								
N130	G01 X24.5 Z-9 F100								
N140	G02 X28.5 Z-14 R5			粗加工圆弧 R5mm 段					
N150	G00 X28.5 Z2								
N160	G00 X22.5 Z2								
N170	G01 X22.5 Z-9 F100								

（续）

<table>
<tr><td>零件图号</td><td colspan="3">图 5-3</td><td>零件名称</td><td>圆弧面零件</td><td>编制</td><td></td><td>审核</td><td></td></tr>
<tr><td>工序</td><td>2</td><td>工步</td><td>2</td><td>夹具名称</td><td>自定心卡盘</td><td>日期</td><td>年　月　日</td><td>日期</td><td>年　月　日</td></tr>
<tr><td>程序段号</td><td colspan="4">程序内容</td><td colspan="5">说明</td></tr>
<tr><td>N180</td><td colspan="4">G02 X28.5 Z-14 R5</td><td colspan="5">粗加工圆弧 R5mm 段</td></tr>
<tr><td>N190</td><td colspan="4">G00 X28.5 Z2</td><td colspan="5"></td></tr>
<tr><td>N200</td><td colspan="4">G00 X20.5 Z2</td><td colspan="5"></td></tr>
<tr><td>N210</td><td colspan="4">G01 X20.5 Z-9 F100</td><td colspan="5"></td></tr>
<tr><td>N220</td><td colspan="4">G02 X28.5 Z-14 R5</td><td colspan="5">粗加工圆弧 R5mm 段</td></tr>
<tr><td>N230</td><td colspan="4">G00 X28.5 Z2</td><td colspan="5"></td></tr>
<tr><td>N240</td><td colspan="4">G00 X18.5 Z2</td><td colspan="5"></td></tr>
<tr><td>N250</td><td colspan="4">G01 X18.5 Z-9 F100</td><td colspan="5"></td></tr>
<tr><td>N260</td><td colspan="4">G02 X28.5 Z-14 R5</td><td colspan="5">粗加工圆弧 R5mm 段</td></tr>
<tr><td>N270</td><td colspan="4">G00 X28.5 Z2</td><td colspan="5"></td></tr>
<tr><td>N280</td><td colspan="4">G00 X16.5 Z2</td><td colspan="5"></td></tr>
<tr><td>N290</td><td colspan="4">G01 X16.5 Z-5 F100</td><td colspan="5"></td></tr>
<tr><td>N300</td><td colspan="4">G03 X18.5 Z-9 R4</td><td colspan="5">粗加工圆弧 R4mm 段</td></tr>
<tr><td>N310</td><td colspan="4">G00 X18.5 Z2</td><td colspan="5"></td></tr>
<tr><td>N320</td><td colspan="4">G00 X12.5 Z2</td><td colspan="5"></td></tr>
<tr><td>N330</td><td colspan="4">G01 X12.5 Z-5 F100</td><td colspan="5"></td></tr>
<tr><td>N340</td><td colspan="4">G03 X18.5 Z-9 R4</td><td colspan="5">粗加工圆弧 R4mm 段</td></tr>
<tr><td>N350</td><td colspan="4">G00 X18.5 Z2</td><td colspan="5"></td></tr>
<tr><td>N360</td><td colspan="4">G00 X10.5 Z2</td><td colspan="5"></td></tr>
<tr><td>N370</td><td colspan="4">G01 X10.5 Z-5 F100</td><td colspan="5"></td></tr>
<tr><td>N380</td><td colspan="4">G03 X18.5 Z-9 R4</td><td colspan="5">粗加工圆弧 R4mm 段</td></tr>
<tr><td>N390</td><td colspan="4">G00 X18.5 Z2</td><td colspan="5"></td></tr>
<tr><td>N400</td><td colspan="4">G00 X4 Z2</td><td colspan="5">精加工进刀</td></tr>
<tr><td>N410</td><td colspan="4">G01 X10 Z-1 F100</td><td colspan="5">加工倒角 C1</td></tr>
<tr><td>N420</td><td colspan="4">G01 X10 Z-5 F100</td><td colspan="5">精加工 ϕ10mm 圆柱</td></tr>
<tr><td>N430</td><td colspan="4">G03 X18 Z-9 R4</td><td colspan="5">精加工圆弧 R4mm 段</td></tr>
<tr><td>N440</td><td colspan="4">G02 X28 Z-14 R5</td><td colspan="5">精加工圆弧 R5mm 段</td></tr>
<tr><td>N450</td><td colspan="4">G01 X28 Z-18</td><td colspan="5">精加工 ϕ28mm 圆柱</td></tr>
<tr><td>N460</td><td colspan="4">G00 X32 Z-18</td><td colspan="5">退刀到点 4</td></tr>
<tr><td>N470</td><td colspan="4">G00 X32 Z2</td><td colspan="5">返回点 1</td></tr>
<tr><td>N480</td><td colspan="4">G00 X50 Z50</td><td colspan="5">返回换刀点</td></tr>
<tr><td>N490</td><td colspan="4">M05</td><td colspan="5">主轴停</td></tr>
<tr><td>N500</td><td colspan="4">M30</td><td colspan="5">程序结束并返回程序头</td></tr>
</table>

任务实施

1. 加工前的准备

（1）毛坯　ϕ30mm 的 45 钢圆棒料。

（2）刀具　见刀具表或切削用量表。

（3）量具　游标卡尺（0～150mm）、钢直尺（0～300mm）。

（4）机床　C_2-3004/2，GSK980Tb。

2. 加工过程（参见情境二任务 1）

1）开机，检查机床各项指标，正常后方可操作。

2）编辑程序，建立O0006数控加工程序。
3）校验O0006数控加工程序并修改至正确。
4）安装毛坯、刀具，并完成对刀工作。
5）运行O0006数控加工程序，加工出所需圆弧面零件。
6）用量具检验零件是否合格。

任务评价

加工完成后，填写任务评价表（见表5-5）。

表5-5 任务评价表

任务名称							
任务评价成绩				指导教师			
类别	序号	任务评价项目	结果	A	B	C	D
编程	1	程序是否能顺利完成加工					
	2	编程格式及关键指令是否使用正确					
	3	程序是否满足零件工艺要求					
	4	通过该零件编程，收获主要有哪些	回答：				
	5	如何完善程序	回答：				
工件刀具安装	1	刀具安装是否正确					
	2	工件安装是否正确					
	3	刀具安装是否牢固					
	4	工件安装是否牢固					
	5	安装刀具时，需要注意的事项有哪些	回答：				
	6	安装工件时，需要注意的事项有哪些	回答：				
操作加工	1	操作是否规范					
	2	着装是否规范					
	3	切削用量是否符合加工要求					
	4	刀柄和刀片的选用是否合理					
	5	加工时，需要注意的事项有哪些	回答：				
	6	加工时，经常出现的加工误差有哪些	回答：				
精度检测	1	是否了解本零件测量所需各种量具的原理及使用方法					
	2	是否掌握本零件使用的测量方法					
自我总结：							
学生签字：				指导教师签字：			

知识拓展

一、圆弧插补指令 G02、G03

1. 指令格式

G02 X（U）__Z（W）__ R__ F_；或 G02 X（U）__Z（W）__ I__ K__ F__；
G03 X（U）__Z（W）__ R__ F_；或 G03 X（U）__Z（W）__ I_ K__ F__；
X（U）：*X* 向圆弧插补终点的绝对（相对）坐标。
Z（W）：*Z* 向圆弧插补终点的绝对（相对）坐标。
R：圆弧半径。
I：圆心相对圆弧起点在 *X* 轴上的坐标值（半径指令）。
K：圆心相对圆弧起点在 *Z* 轴上的坐标值。
F：圆弧切削速度。
X、U、Z、W、R、I、K 的取值范围：-9999.999 ~ +9999.999mm。

2. 指令功能

两轴同时从起点位置（当前程序段运行前的位置）以 R 代码指定的值为半径，或以 I、K 代码确定的圆心沿顺时针（G02）/逆时针（G03）进行圆弧插补至 X（U）、Z（W）指定的终点位置。

顺时针或逆时针与采用前刀座坐标系还是后刀座坐标系有关，如图 5-5 所示。

3. 指令说明

1）圆弧中心用地址 I、K 指定时，其分别对应于 X、Z 轴（图 5-5）。I、K 表示从圆弧起点到圆心的矢量分量，根据方向带有符号。

2）指令格式中，地址 I、K 或 R 都不指定时，系统按 G01 路径进行插补。

3）地址 X(U)、Z(W) 可省略一个或全部，省略一个时，表示省略的该轴的起点和终点一致；同时省略时，表示起点和终点在同一位置。

4）当 X(U)、Z(W) 同时省略时，若用 I 指令圆心，则表示全圆；I、K 和 R 不能同时指令，否则会产生报警；当 I=0，K=0 时，可以省略。

5）用 R 指定圆弧，当 R>0 时，为小于 180°的圆弧；对于大于 180°的圆弧，只可以用 I、K 指定。

6）当 R 的误差超出 98 号参数的设定值时，会产生 26 号报警。

4. 示例

用 G02 指令编写图 5-6 所示零件的数控加工程序。

G02 X63.06 Z30.0 R19.26 F300；（绝对、半径编程）
或 G02 U17.81 W-20.0 R19.26 F300；（增量、半径编程）
或 G02 X63.06 Z30.0 I18.929 K-3.554 F300；（绝对、I、K 编程）
或 G02 U17.81 W-20.0 I18.929 K-3.554 F300；（增量、I、K 编程）

二、圆弧零件的粗加工方法

应用 G02 或 G03 指令车圆弧时，若一次进给把圆弧加工出来，则背吃刀量太大，容易

损坏刀具。所以实际车圆弧时，需要进行多次进给加工，先将大部分余量切除，最后才车得所需圆弧。

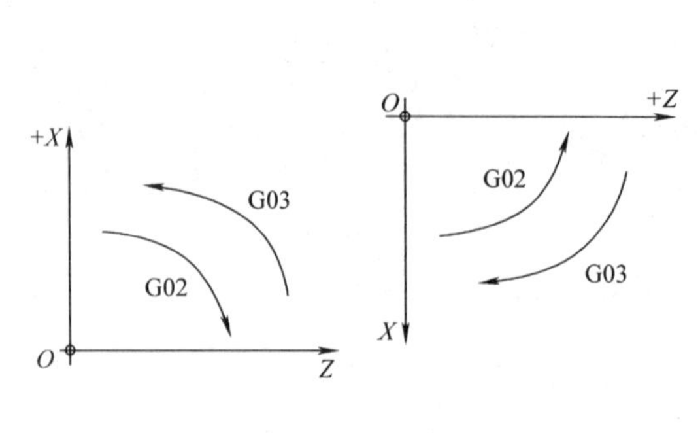

图 5-5　G02、G03 指令方向

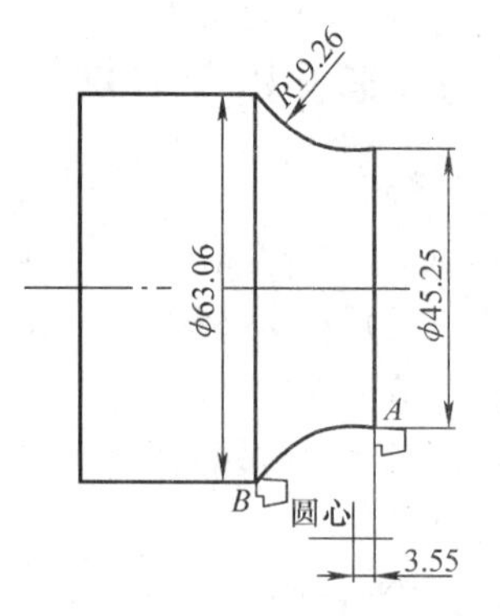

图 5-6　G02 指令的应用

1. 同心圆法

如图 5-7 所示，圆弧的圆心不变，将圆弧的半径按照粗加工的最大背吃刀量进行变化，来实现圆弧零件的粗加工，这种方法称为同心圆法。此法编程简便，但加工过程中空行程太多，不利于提高加工效率。

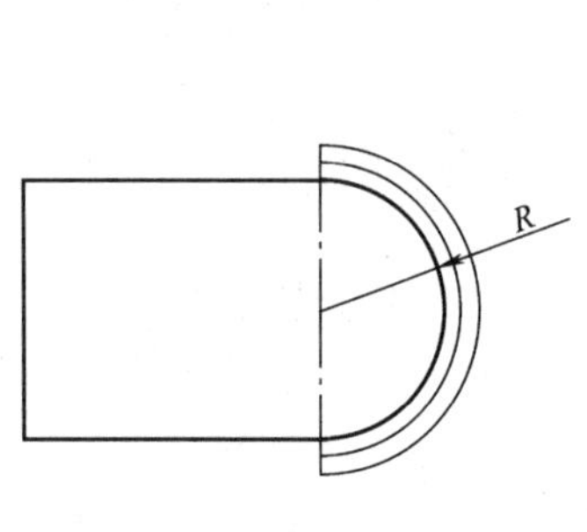

图 5-7　同心圆法

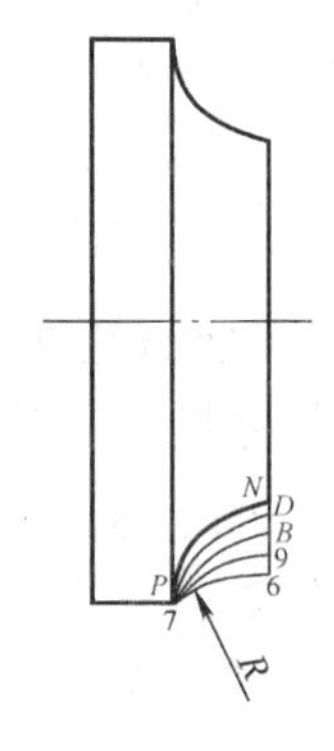

图 5-8　等半径法

2. 等半径法

如图 5-8 所示，圆弧的半径不变，将圆弧的起点和（或）终点按照粗加工的最大背吃刀量进行变化，来实现零件的粗加工，这种方法称为等半径法。此法编程简便，计算量较小，加工效率较高，是一种常用方法。

任务 2　球头类零件的加工

学习目标

1. 完成球头类零件的加工工艺分析。
2. 编制球头类零件的加工工艺卡片。
3. 完成刀具卡片的填写。

4. 完成球头类零件数控加工程序的编写。

5. 完成球头类零件的加工。

6. 完成检测、自我评价，记录工作结果。

任务引入

通过本任务的学习，完成图 5-9 所示球头类零件的数控加工。

任务分析

图 5-9　汽车球头

图 5-10 所示为带有球头及凹圆弧面的综合零件。在其加工过程中，要注意刀具副偏角的干涉问题，选择合适的刀具进行加工，本任务的要求如下：

1）仔细阅读零件图样，进行加工工艺分析和工艺准备，编写零件的工艺文件（工艺卡片、刀具卡片），编制零件数控加工程序。

2）在规定的时间内，按图 5-10 的要求完成球头类零件的数控车削加工。

3）毛坯尺寸为 ϕ30mm，无特殊要求。

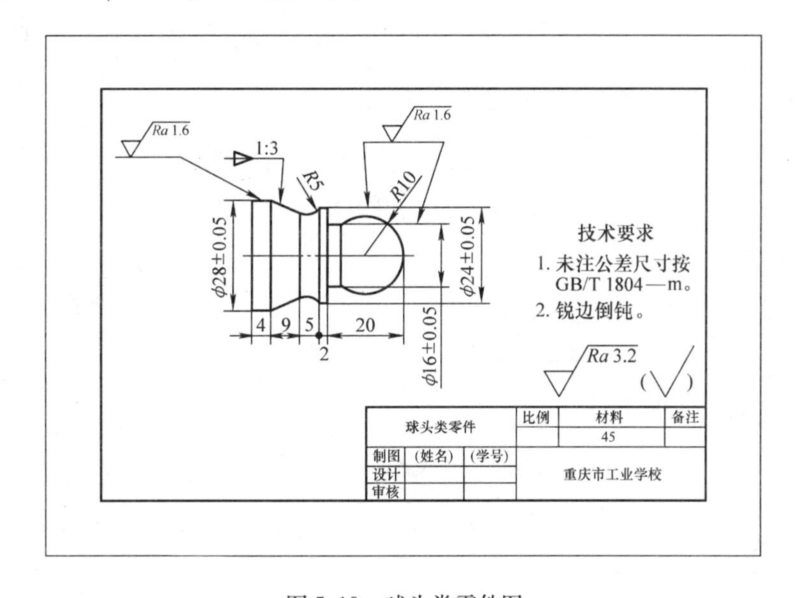

图 5-10　球头类零件图

任务准备

一、加工工艺分析

1. 工艺分析及加工方法的选择

该球头类零件是表面形状较简单的回转轴类零件。零件材料为 45 钢，毛坯为尺寸为

ϕ30mm × 65mm 的棒料，无热处理和硬度要求，适合在数控车床上加工。

2. 定位基准和装夹方式的确定

（1）定位　以坯料左端外圆和轴线为定位基准。

（2）装夹　左端不加工的 ϕ30mm 处采用自定心卡盘夹持。

3. 工件坐标系的确定

工件坐标系原点设在工件右端面与轴线的交点处。

4. 对刀点和换刀点的确定

该球头类零件的对刀点和换刀点设在同一点：以工件右端面中心为工件原点，（50，50）处为对刀点和换刀点。

5. 刀具的选择

1）加工平端面选用端面车刀。

2）选择刀具时，须充分考虑刀具的干涉问题。例如，图 5-10 所示零件，如果选用常规的 90°外圆车刀进行加工，就会出现图 5-11 所示的干涉问题。为了避免由加工过程中的干涉造成的零件轮廓不准确，需要选用合适的刀具及其副偏角。为了满足复合零件的加工要求，本任务选用 35°菱形车刀进行加工。

将选中的刀具填入数控车床刀具调整卡（见表 5-6），以便进行编程及操作管理。

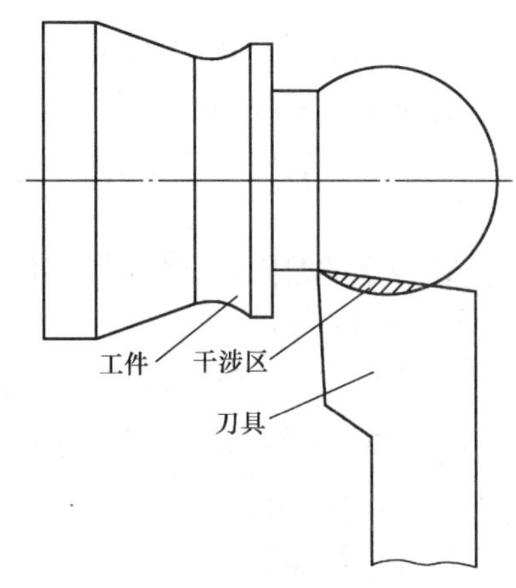

图 5-11　刀具副偏角干涉

表 5-6　数控车床刀具调整卡

<table>
<tr><td colspan="2">零件名称</td><td>球头类零件</td><td colspan="5">（单位名称）</td><td>零件图号</td><td>图 5-10</td></tr>
<tr><td colspan="2">设备名称</td><td>数控车床</td><td>设备型号</td><td colspan="4">C_2 －3004/2，GSK980Tb</td><td>程序号</td><td>00007</td></tr>
<tr><td>材料</td><td>45</td><td>硬度</td><td>—</td><td>工序名称</td><td>数控车削加工</td><td>工序号</td><td colspan="3">01</td></tr>
<tr><td rowspan="3">序号</td><td rowspan="3">刀具编号</td><td rowspan="3">刀具名称</td><td rowspan="3">刀片材料牌号</td><td colspan="4">刀具参数</td><td colspan="2">刀补地址</td></tr>
<tr><td colspan="2">刀尖</td><td colspan="2">位置</td><td rowspan="2">半径</td><td rowspan="2">长度</td></tr>
<tr><td>刀尖角</td><td>刀尖圆弧半径</td><td>X 向</td><td>Z 向</td></tr>
<tr><td>1</td><td>T01</td><td>45°端面车刀</td><td></td><td></td><td></td><td></td><td></td><td></td><td></td></tr>
<tr><td>2</td><td>T02</td><td>35°菱形车刀</td><td></td><td></td><td></td><td></td><td></td><td></td><td></td></tr>
<tr><td>编制</td><td></td><td>审核</td><td></td><td>批准</td><td></td><td colspan="2">年　月　日</td><td colspan="2">共　页，第　页</td></tr>
</table>

6. 进给路线的确定

球头类零件的进给路线如图 5-12 所示，由换刀点→1→2→3→4→1→5→6→7→2…的顺序完成零件的粗加工，由换刀点→零件轮廓轨迹→4→1→换刀点的顺序完成零件的精加工。

7. 切削用量的选择

背吃刀量：粗车轮廓时单边切入，a_p = 2mm；精加工余量为 0.5mm，即 a_p = 0.5mm。

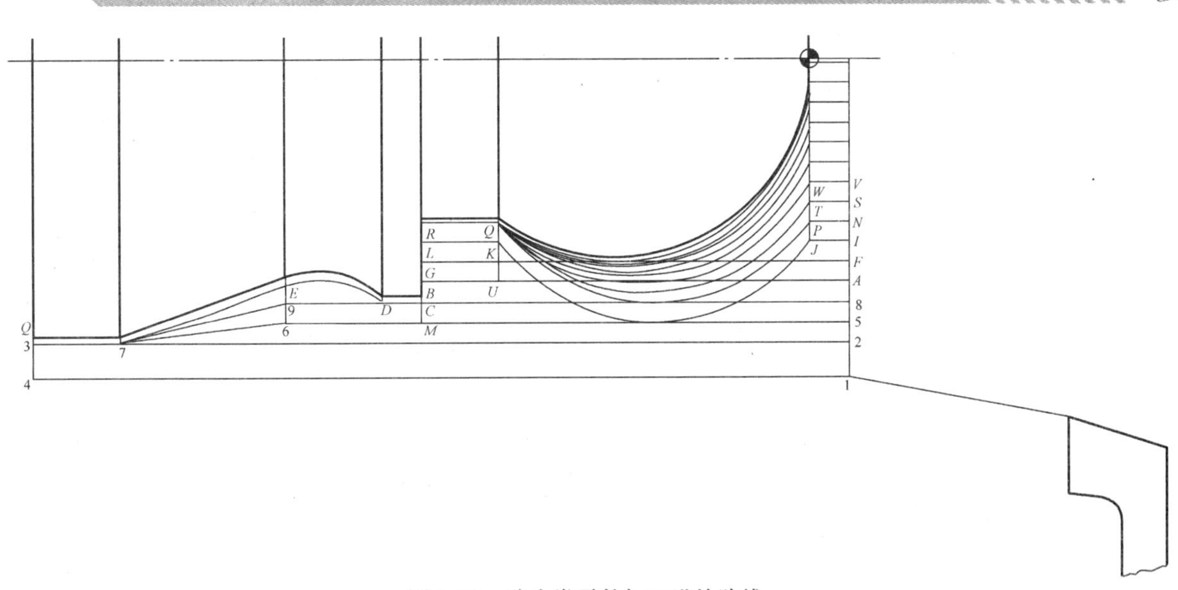

图 5-12　球头类零件加工进给路线

主轴转速 $n=800\mathrm{r/min}$，进给速度 $v_f=100\mathrm{mm/min}$。

综合前面各项内容，填写数控加工工序卡（见表 5-7）。

表 5-7　数控加工工序卡

零件名称	球头类零件	夹具名称	自定心卡盘	（单位名称）		
零件图号	图 5-10	夹具编号				
设备名称及型号	数控车床，$C_2-3004/2$，GSK980Tb					
工序号 01	工序名称 数控车削加工	材料	45	硬度		
工步号	工步内容	切削用量		刀具		备注
		n/(r/min) v_f/(mm/min)	a_p/(mm)	编号	名称	
1	平端面	800		01	端面刀	手动
2	外轮廓加工	800	2	02	菱形刀	自动
编制	审核	批准		年　月　日	共　页，第　页	

二、数控编程数学处理

本任务有两处需要完成数学计算：

1）零件锥度处。已知零件的锥度比为2∶3，大端直径为28mm，长度为9mm，根据锥度计算公式锥度 $=\dfrac{\text{大端直径}-\text{小端直径}}{\text{长度}}$，计算出小端直径为22mm。

2）球头的坐标。已知球头尾部的直径是16mm，球头半径是10mm，如图 5-13 所示，作辅助线。根据勾股定理，可计算出 a 段长度为6mm，则球头的长度为16mm。

零件编程时所需的刀位点坐标如图 5-12 所示。

三、编制数控加工程序

该球头类零件全部采用手工编程。编程时，以工件轴线与右端面的交点为工件坐标系原点，数控加工程序示例见表5-8。

表5-8　球头类零件数控加工程序示例

<table>
<tr><td>零件图号</td><td colspan="3">图5-10</td><td>零件名称</td><td>球头类零件</td><td>编制</td><td></td><td>审核</td><td></td></tr>
<tr><td>工序</td><td>2</td><td>工步</td><td>2</td><td>夹具名称</td><td>自定心卡盘</td><td>日期</td><td>年　月　日</td><td>日期</td><td>年　月　日</td></tr>
<tr><td>程序段号</td><td colspan="4">程序内容</td><td colspan="5">说明</td></tr>
<tr><td></td><td colspan="4">O0007</td><td colspan="5">程序名</td></tr>
<tr><td>N10</td><td colspan="4">T0202</td><td colspan="5">换2号刀并进行刀具补偿</td></tr>
<tr><td>N20</td><td colspan="4">M03</td><td colspan="5">主轴正转，转速为800r/min</td></tr>
<tr><td>N30</td><td colspan="4">G00 X32 Z2</td><td colspan="5">快速接近工件到点1</td></tr>
<tr><td>N40</td><td colspan="4">G00 X28.5 Z2</td><td colspan="5">调整背吃刀量到点2</td></tr>
<tr><td>N50</td><td colspan="4">G01 X28.5 Z-40 F100</td><td colspan="5">车削加工到点3，进给速度为100mm/min</td></tr>
<tr><td>N60</td><td colspan="4">G01 X32 Z-40</td><td colspan="5">退刀到点4</td></tr>
<tr><td>N70</td><td colspan="4">G00 X32 Z2</td><td colspan="5">返回点1（32，2）</td></tr>
<tr><td>N80</td><td colspan="4">G00 X26.5 Z2</td><td colspan="5"></td></tr>
<tr><td>N90</td><td colspan="4">G01 X26.5 Z-27 F100</td><td colspan="5"></td></tr>
<tr><td>N100</td><td colspan="4">G01 X28.5 Z-36</td><td colspan="5">粗加工锥度2:3段</td></tr>
<tr><td>N110</td><td colspan="4">G00 X28.5 Z2</td><td colspan="5"></td></tr>
<tr><td>N120</td><td colspan="4">G00 X24.5 Z2</td><td colspan="5"></td></tr>
<tr><td>N130</td><td colspan="4">G01 X24.5 Z-27 F100</td><td colspan="5"></td></tr>
<tr><td>N140</td><td colspan="4">G01 X28.5 Z-36</td><td colspan="5">粗加工锥度2:3段</td></tr>
<tr><td>N150</td><td colspan="4">G00 X28.5 Z2</td><td colspan="5"></td></tr>
<tr><td>N160</td><td colspan="4">G00 X22.5 Z2</td><td colspan="5"></td></tr>
<tr><td>N170</td><td colspan="4">G01 X22.5 Z-20 F100</td><td colspan="5"></td></tr>
<tr><td>N180</td><td colspan="4">G01 X24.5 Z-20</td><td colspan="5"></td></tr>
<tr><td>N190</td><td colspan="4">G01 X24.5 Z-22</td><td colspan="5"></td></tr>
<tr><td>N200</td><td colspan="4">G03 X22.5 Z-27 R5</td><td colspan="5">粗加工圆弧 $R5$mm 段</td></tr>
<tr><td>N210</td><td colspan="4">G01 X28.5 Z-36</td><td colspan="5">粗加工锥度2:3段</td></tr>
<tr><td>N220</td><td colspan="4">G00 X28.5 Z2</td><td colspan="5"></td></tr>
<tr><td>N230</td><td colspan="4">G00 X20.5 Z2</td><td colspan="5"></td></tr>
<tr><td>N240</td><td colspan="4">G01 X20.5 Z-20</td><td colspan="5">粗加工球头段至 ϕ20.5mm 圆柱</td></tr>
<tr><td>N250</td><td colspan="4">G01 X26 Z-20</td><td colspan="5"></td></tr>
<tr><td>N260</td><td colspan="4">G00 X26 Z2</td><td colspan="5"></td></tr>
<tr><td>N270</td><td colspan="4">G00 X18.5 Z2</td><td colspan="5"></td></tr>
<tr><td>N280</td><td colspan="4">G01 X18.5 Z0</td><td colspan="5">靠近球头端面</td></tr>
<tr><td>N290</td><td colspan="4">G02 X18.5 Z-16 R10</td><td colspan="5">粗加工球头</td></tr>
<tr><td>N300</td><td colspan="4">G01 X18.5 Z-20</td><td colspan="5">粗加工 ϕ16mm 圆柱至 ϕ18.5mm</td></tr>
<tr><td>N310</td><td colspan="4">G01 X26 Z-20</td><td colspan="5"></td></tr>
<tr><td>N320</td><td colspan="4">G00 X26 Z2</td><td colspan="5"></td></tr>
</table>

（续）

零件图号	图 5-10		零件名称	球头类零件	编制		审核	
工序	2	工步 2	夹具名称	自定心卡盘	日期	年 月 日	日期	年 月 日
程序段号	程序内容		说明					
N330	G00 X16.5 Z2		进刀					
N340	G01 X16.5 Z0		靠近球头端面					
N350	G02 X16.5 Z-16 R10		粗加工球头					
N360	G01 X16.5 Z-20		粗加工 ϕ16mm 圆柱至 ϕ16.5mm					
N370	G01 X26 Z-20		退刀					
N380	G00 X26 Z2							
N390	G00 X14.5 Z2		进刀					
N400	G01 X14.5 Z0		靠近球头端面					
N410	G02 X16.5 Z-16 R10		粗加工球头					
N420	G01 X26 Z-20		退刀					
N430	G00 X26 Z2							
N440	G00 X12.5 Z2		进刀					
N450	G00 X12.5 Z0		靠近球头端面					
N460	G01 X16.5 Z-16 R10		粗加工球头					
N470	G01 X26 Z-20		退刀					
N480	G00 X26 Z2							
N490	G01 X10.5 Z2		进刀					
N500	G00 X10.5 Z0		靠近球头端面					
N510	G02 X16.5 Z-16 R10		粗加工球头					
N520	G01 X26 Z-20		退刀					
N530	G02 X26 Z2							
N540	G01 X8.5 Z2		进刀					
N550	G01 X8.5 Z0		靠近球头端面					
N560	G00 X16.5 Z-16 R10		粗加工球头					
N570	G01 X26 Z-20		退刀					
N580	G01 X26 Z2							
N590	G02 X6.5 Z2		进刀					
N600	G01 X6.5 Z0		靠近球头端面					
N610	G02 X16.5 Z-16 R10		粗加工球头					
N620	G01 X26 Z-20		退刀					
N630	G00 X26 Z2							
N640	G01 X4.5 Z2		进刀					
N650	G01 X4.5 Z0		靠近球头端面					
N660	G02 X16.5 Z-16 R10		粗加工球头					

（续）

零件图号	图 5-10			零件名称	球头类零件	编制		审核	
工序	2	工步	2	夹具名称	自定心卡盘	日期	年 月 日	日期	年 月 日
程序段号	程序内容				说明				
N670	G01 X26 Z－20				退刀				
N680	G00 X26 Z2								
N690	G00 X2.5 Z2				进刀				
N700	G01 X2.5 Z0				靠近球头端面				
N710	G02 X16.5 Z－16 R10				粗加工球头				
N720	G01 X26 Z－20				退刀				
N730	G00 X26 Z2								
N740	G00 X0.5 Z2								
N750	G01 X0.5 Z0								
N760	G02 X16.5 Z－16 R10								
N770	G01 X16.5 Z－20								
N780	G01 X26 Z－20								
N790	G01 X26 Z2								
N800	G00 X0 Z2				精加工进刀				
N810	G00 X0 Z0				刀具靠近球头端面				
N820	G02 X16 Z－16 R10				精加工球头 *R*5mm 段				
N830	G01 X16 Z－20				精加工 ϕ16mm 圆柱				
N840	G01 X24 Z－20								
N850	G01 X24 Z－22				精加工 ϕ24mm 圆柱				
N860	G03 X22 Z－27 R5				精加工圆弧 *R*5mm 段				
N870	G01 X28 Z－36				精加工锥度 2:3 段				
N880	G01 X28 Z－40				精加工 ϕ28mm 圆柱				
N890	G00 X32 Z－40				退刀到点 4				
N900	G00 X32 Z2				返回点 1				
N910	G00 X50 Z50				返回换刀点（50，50）				
N920	M05				主轴停				
N930	M30				程序结束并返回程序头				

任务实施

1. 加工前的准备

（1）毛坯　ϕ30mm 的 45 钢圆棒料。

（2）刀具　见刀具表或切削用量表。

（3）量具　游标卡尺（0～150mm）、钢直尺（0～300mm）。

（4）机床　C_2－3004/2，GSK980Tb。

2. 加工过程

1）开机，检查机床各项指标，正常后方可操作。

2）编辑程序，建立O0007数控加工程序。

3）校验O0007数控加工程序并修改至正确。

4）安装毛坯、刀具，并完成对刀工作。

5）运行O0007数控加工程序，加工出所需零件。

6）用量具检验零件是否合格。

任务评价

加工完成后，填写任务评价表（见表5-9）。

表5-9　任务评价表

<table>
<tr><td colspan="2">任务名称</td><td colspan="6"></td></tr>
<tr><td colspan="3">任务评价成绩</td><td></td><td colspan="2">指导教师</td><td colspan="2"></td></tr>
<tr><td>类别</td><td>序号</td><td>任务评价项目</td><td>结果</td><td>A</td><td>B</td><td>C</td><td>D</td></tr>
<tr><td rowspan="5">编程</td><td>1</td><td>程序是否能顺利完成加工</td><td></td><td></td><td></td><td></td><td></td></tr>
<tr><td>2</td><td>编程格式及关键指令是否正确</td><td></td><td></td><td></td><td></td><td></td></tr>
<tr><td>3</td><td>程序是否满足零件工艺要求</td><td></td><td></td><td></td><td></td><td></td></tr>
<tr><td>4</td><td>通过该零件编程的收获主要有哪些</td><td colspan="5">回答：</td></tr>
<tr><td>5</td><td>如何完善程序</td><td colspan="5">回答：</td></tr>
<tr><td rowspan="6">工件刀具安装</td><td>1</td><td>刀具安装是否正确</td><td></td><td></td><td></td><td></td><td></td></tr>
<tr><td>2</td><td>工件安装是否正确</td><td></td><td></td><td></td><td></td><td></td></tr>
<tr><td>3</td><td>刀具安装是否牢固</td><td></td><td></td><td></td><td></td><td></td></tr>
<tr><td>4</td><td>工件安装是否牢固</td><td></td><td></td><td></td><td></td><td></td></tr>
<tr><td>5</td><td>安装刀具时，需要注意的事项有哪些</td><td colspan="5">回答：</td></tr>
<tr><td>6</td><td>安装工件时，需要注意的事项有哪些</td><td colspan="5">回答：</td></tr>
<tr><td rowspan="6">操作加工</td><td>1</td><td>操作是否规范</td><td></td><td></td><td></td><td></td><td></td></tr>
<tr><td>2</td><td>着装是否规范</td><td></td><td></td><td></td><td></td><td></td></tr>
<tr><td>3</td><td>切削用量是否符合加工要求</td><td></td><td></td><td></td><td></td><td></td></tr>
<tr><td>4</td><td>刀柄和刀片的选用是否合理</td><td></td><td></td><td></td><td></td><td></td></tr>
<tr><td>5</td><td>加工时，需要注意的事项有哪些</td><td colspan="5">回答：</td></tr>
<tr><td>6</td><td>加工时，经常出现的加工误差有哪些</td><td colspan="5">回答：</td></tr>
<tr><td rowspan="2">精度检测</td><td>1</td><td>是否了解本零件测量所需各种量具的原理及使用方法</td><td></td><td></td><td></td><td></td><td></td></tr>
<tr><td>2</td><td>是否掌握本零件所使用的测量方法</td><td></td><td></td><td></td><td></td><td></td></tr>
<tr><td colspan="8">自我总结：</td></tr>
<tr><td colspan="4">学生签字：</td><td colspan="4">指导教师签字：</td></tr>
</table>

情境六　连接螺栓的加工

分析图 6-1 所示的气动连接头，指出图中哪些零件带有螺纹。查阅资料（如教科书、网络、汽车结构教材等），了解螺纹的类型和应用场合。

图 6-1　气动连接头

根据观察完成表 6-1。

表 6-1　气动连接头结构

序号	哪些零件带有螺纹	螺纹是如何加工出来的	螺纹的类型和应用场合
1			
2			
3			
4			

任务　三角形外螺纹的加工

学习目标

1. 完成外螺纹零件的加工工艺分析。
2. 编制外螺纹零件的加工工艺卡片。
3. 完成刀具卡片的填写。
4. 完成外螺纹零件数控加工程序的编写。
5. 完成外螺纹零件的加工。
6. 完成检测、自我评价，记录工作结果。

任务引入

机械设备上经常用到带有图 6-2 所示螺纹的工件。通过本任务的学习，完成三角形外螺

纹的数控加工。

任务分析

图 6-2　螺纹连接件

图 6-3 所示为螺纹连接件零件图，在其加工过程中要注意刀具副偏角的干涉问题，选择合适的刀具进行加工。本任务的要求如下：

1）仔细阅读零件图样，进行加工工艺分析和工艺准备，编写零件的工艺文件（工艺卡片、刀具卡片），编制零件数控加工程序。

2）在规定的时间内，按图 6-3 所示的要求完成外螺纹的数控车削加工。

3）毛坯尺寸为 ϕ30mm，无特殊要求。

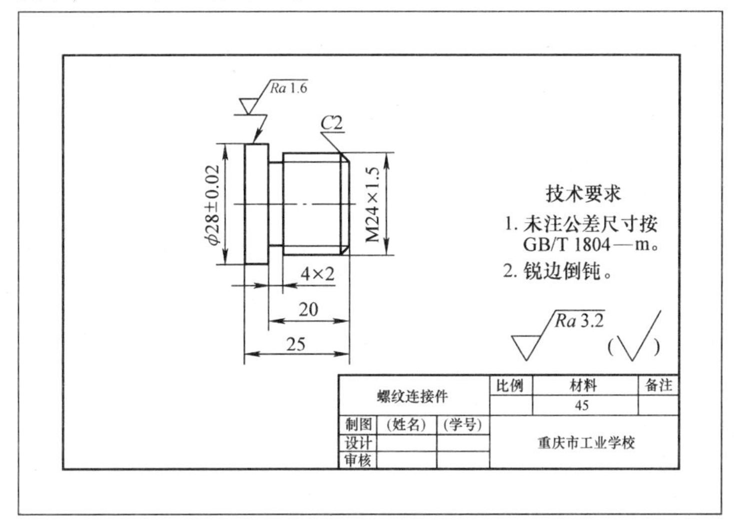

图 6-3　螺纹连接件零件图

任务准备

一、加工工艺的拟订

1. 工艺分析及加工方法的选择

该螺纹连接件是表面形状较简单的回转轴类零件。零件材料为 45 钢，毛坯为 ϕ30mm 的棒料，长 50mm，无热处理和硬度要求，适合在数控车床上加工。

2. 定位基准和装夹方式的确定

（1）定位　以坯料左端外圆和轴线为定位基准。

（2）装夹　左端不加工的 ϕ30mm 处采用自定心卡盘夹持。

3. 工件坐标系的确定

工件坐标系原点设在工件右端面与轴线的交点处。

4. 对刀点和换刀点的确定

该螺纹连接件对刀点和换刀点设在同一点：以工件右端面中心为工件原点，（50，50）

处为对刀点和换刀点。

5. 刀具的选择

1）45°端面车刀。

2）90°外圆车刀。

3）车槽刀，刀体宽4mm。

4）60°三角形螺纹车刀。

将选中的刀具填入数控车床刀具调整卡（见表6-2），以便进行编程及操作管理。

表6-2　数控车床刀具调整卡

零件名称		螺纹连接件	（单位名称）					零件图号	图6-3
设备名称		数控车床	设备型号	C_2－3004/2，GSK980Tb				程序号	O0008
材料		45	硬度	—	工序名称	数控车削加工	工序号	01	
序号	刀具编号	刀具名称	刀片材料牌号	刀具参数				刀补地址	
				刀尖		位置		半径	长度
				刀尖角	刀尖圆弧半径	X向	Z向		
1	T01	45°端面车刀							
2	T02	90°外圆车刀						02	
3	T03	车槽刀						03	
4	T04	螺纹刀						04	
编制		审核		批准		年　月　日		共　页，第　页	

6. 进给路线的确定

零件的加工内容有外圆、螺纹退刀槽、螺纹及切断，依次进行加工即可。

7. 切削用量的选择

背吃刀量：粗车轮廓时单边切入，$a_p=2\text{mm}$；精加工余量为0.5mm，即$a_p=0.5\text{mm}$。主轴转速$n=800\text{r/min}$，进给速度$v_f=100\text{mm/min}$。

综合前面各项内容，填写数控加工工序卡（见表6-3）。

表6-3　数控加工工序卡

零件名称	螺纹连接件	夹具名称	自定心卡盘	（单位名称）			
零件图号	图6-3	夹具编号					
设备名称及型号	数控车床C_2－3004/2，GSK980Tb						
工序号	01	工序名称	数控车削加工	材料	45	硬度	—
工步号	工步内容	切削用量			刀具		备注
		n/(r/min)	v_f/(mm/min)	a_p/(mm)	编号	名称	
1	平端面	800			01	端面车刀	手动
2	外轮廓加工	800	100	2	02	外圆车刀	自动
3	切槽加工	200	20	4	03	车槽刀	自动
4	螺纹加工	450			04	螺纹车刀	自动
5	切断	200	20		03	车槽刀	自动
编制		审核		批准	年　月　日	共　页，第　页	

二、数控编程数学处理

该外螺纹零件编程时所需的刀位点比较简单，其坐标值在此不一一列出。

三、编制数控加工程序

该螺纹连接件全部采用手工编程。编程时，以工件轴线与右端面的交点为工件坐标系原点，其数控加工程序示例见表6-4。

表6-4　螺纹连接件数控加工程序示例

零件图号	图6-3		零件名称	螺纹连接件	编制		审核	
工序		工步	夹具名称	自定心卡盘	日期	年　月　日	日期	年　月　日

程序段号	程序内容	说明
	O0008	程序名
N10	T0202	换2号刀并进行刀具补偿
N20	M03 S800	主轴正转，转速为800r/min
N30	G00 X32 Z2	快速接近工件到点1
N40	G00 X28.5 Z2	调整背吃刀量到点2
N50	G01 X28.5 Z-25 F100	车削加工到点3，进给速度为100mm/min
N60	G01 X32 Z-25	退刀到点4
N70	G00 X32 Z2	返回点1
N80	G00 X26.5 Z2	
N90	G01 X26.5 Z-20	
N100	G01 X32 Z-20	
N110	G00 X32 Z2	
N120	G00 X24.5 Z2	
N130	G01 X24.5 Z-20	
N140	G01 X32 Z-20	
N150	G00 X32 Z2	
N160	G00 X15.8 Z2	精加工外圆
N170	G01 X23.8 Z-2	倒 $C2$ 角
N180	G01 X23.8 Z-20	精加工螺纹外圆
N190	G01 X28 Z-20	
N200	G01 X28 Z-25	
N210	G00 X32 Z2	
N220	G00 X50 Z50	
N230	M05	
N240	M00	
N250	M03 S200	主轴正转，转速为200r/min
N260	T0303	换3号刀并进行刀具补偿

（续）

零件图号	图 6-3		零件名称	螺纹连接件	编制		审核	
工序		工步	夹具名称	自定心卡盘	日期	年　月　日	日期	年　月　日

程序段号	程序内容	说明
N270	G00 X32 Z2	
N280	G00 X32 Z－20	定位到螺纹退刀槽起点
N290	G01 X20 Z－20 F20	车螺纹退刀槽
N300	G00 X32 Z－20	
N310	G00 X32 Z2	
N320	G00 X50 Z50	
N330	M05	
N340	M00	
N350	M03 S400	主轴正转，转速为 400r/min
N360	T0404	换 4 号刀并进行刀具补偿
N370	G00 X26 Z5	
N380	G92 X23.3 Z－18 F1.5	车 M24×1.5 螺纹至 23.3mm
N390	X22.9 Z－18	车 M24×1.5 螺纹至 22.9mm
N400	X22.5 Z－18	车 M24×1.5 螺纹至 22.5mm
N410	X22.2 Z－18	车 M24×1.5 螺纹至 22.2mm
N420	X22.05 Z－18	车 M24×1.5 螺纹至 22.05mm
N430	X22.05 Z－18	精加工 M24×1.5 螺纹
N440	G00 X50 Z50	
N450	M05	
N460	M00	
N470	M03 S200	主轴正转，转速为 200r/min
N480	T0303	换 3 号刀并进行刀具补偿
N490	G00 X32 Z2	
N500	G00 X32 Z－28	右刀尖定位到切断位置起点
N510	G01 X0 Z－28 F20	切断工件
N520	G00 X32 Z－28	退刀
N530	G00 X50 Z50	返回换刀点
N540	M05	主轴停止
N550	M30	程序结束并返回程序头

任务实施

1. 加工前的准备

（1）毛坯　ϕ30mm 的 45 钢圆棒料。

（2）刀具　见刀具表或切削用量表。

（3）量具　游标卡尺（0～150mm）、钢直尺（0～300mm）。

（4）机床　C_2－3004/2，GSK980Tb。

2. 加工过程

1）开机，检查机床各项指标，正常后方可操作。

2）编辑程序，建立 O0008 数控加工程序。

3）校验 O0008 数控加工程序并修改至正确。

4）安装毛坯、刀具，并完成对刀操作。

5）运行 O0008 数控加工程序，加工出所需螺纹连接件。

6）用相应的量具检验零件是否合格并入库保存。

任务评价

加工完成后，填写任务评价表（见表6-5）。

表6-5　任务评价表

任务名称							
任务评价成绩				指导教师			
类别	序号	任务评价项目	结果	A	B	C	D
编程	1	程序是否能顺利完成加工					
	2	编程的格式及关键指令是否使用正确					
	3	程序是否满足零件工艺要求					
	4	通过该零件编程的收获主要有哪些	回答：				
	5	如何完善程序	回答：				
工件、刀具安装	1	刀具安装是否正确					
	2	工件安装是否正确					
	3	刀具安装是否牢固					
	4	工件安装是否牢固					
	5	安装刀具时，需要注意的事项有哪些	回答：				
	6	安装工件时，需要注意的事项有哪些	回答：				
操作加工	1	操作是否规范					
	2	着装是否规范					
	3	切削用量是否符合加工要求					
	4	刀柄和刀片的选用是否合理					
	5	加工时，需要注意的事项有哪些	回答：				
	6	加工时，经常出现的加工误差有哪些	回答：				
精度检测	1	是否了解本零件测量所需各种量具的原理及使用方法					
	2	是否掌握本零件所使用的测量方法					

自我总结：

学生签字：	指导教师签字：

知识拓展

一、螺纹车削指令 G32、G92

1. 等螺距螺纹切削指令 G32

（1）指令格式　G32 X(U)__ Z(W)__ F(I)__；

X(U)：X 向螺纹切削终点的绝对（相对）坐标。

Z(W)：Z 向螺纹切削终点的绝对（相对）坐标。

X(U)、Z(W)的取值范围：-9999.999 ~ +9999.999mm。

F：米制螺纹导程，即主轴每转一转，刀具相对工件的移动量，取值范围为 0.001 ~ 500mm，模态参数。

I：寸制螺纹每英寸牙数，取值范围为 0.06 ~ 25400 牙/in，模态参数。

（2）指令功能　两轴同时从起点位置（G32 指令运行前的位置）到 X(U)、Z(W)指定的终点位置的螺纹切削加工，轨迹如图 6-4 所示。此指令可以切削等导程的直螺纹、锥螺纹和端面螺纹。使用 G32 指令进行螺纹切削时，需要退刀槽。

（3）螺纹切削注意事项

1）在螺纹切削开始及结束部分，一般由于升、降速的原因，会出现导程不正确部分。考虑此因素的影响，指令螺纹长度应比需要的螺纹长度长，如图 6-5 所示。

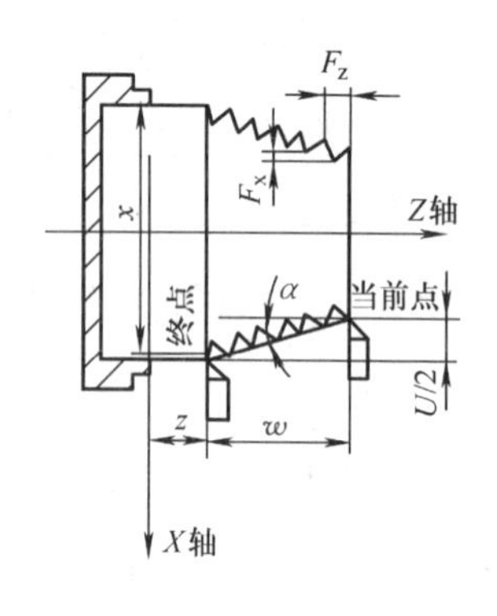

图 6-4　G32 指令加工轨迹

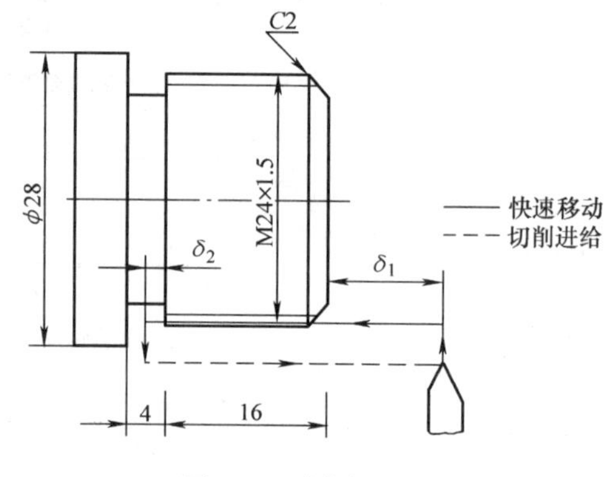

图 6-5　零件加工图

2）在切削螺纹过程中，进给速度倍率无效，恒定在 100%。

3）进行螺纹切削时，主轴必须开动，否则会产生报警；在螺纹切削过程中，主轴不能停止。

4）螺纹切削过程中，主轴倍率无效，因为如果改变主轴倍率，会因为升、降速影响等因素导致不能切出正确的螺纹。

5）进给保持在螺纹切削过程中无效，在执行螺纹切削状态之后的第一个非螺纹切削程序段后面，可用“单程序段停”来停止。

6）若前一个程序段为螺纹切削程序段，当前程序段也为螺纹切削程序段，则在切削开始时不检测主轴位置编码器的一转信号。

7）主轴转速必须是恒定的，当主轴转速变化时，螺纹会或多或少地产生偏差。

8）F、I同时出现在一个程序段时，系统会产生报警。

（4）示例　用G32指令编写图6-5所示螺纹的数控加工程序。

取 $\delta_1=3\text{mm}$，$\delta_2=2\text{mm}$，总背吃刀量为0.5mm（单边），分两次切入。

```
O0001;
T0101;
M03;
G00 X32 Z3;
G00 X23 Z3;            （第一次切入0.5mm）
G32 W-21 F1.5;
G00 X26;
W21;
X22;                   （第二次再切入0.5mm）
G32 W-21 F1.5;
G00 X26;
G00 X50 Z50;
M05;
M30;
```

2. 螺纹切削循环指令G92

（1）指令格式

G92 X(U)__ Z(W)__ J__ K__ F__ L__；（米制螺纹）

G92 X(U)__ Z(W)__ J__ K__ I__ L__；（寸制螺纹）

X、Z：循环终点坐标值。

U、W：循环终点相对循环起点的坐标。

J、K：退尾长度，J为半径指定。

R：螺纹起点与螺纹终点的半径之差。

X(U)、Z(W)、R的取值范围：-9999.999～+9999.999mm。

F：寸制螺纹导程，取值范围为0.001～500mm，模态指令。

I：寸制螺纹每英寸牙数，取值范围为0.06～25400牙/in，模态指令。

L：螺纹线数，取值范围为1～99，模态指令；不指定时默认为1。

（2）指令功能　执行该指令，可进行等导程直螺纹、锥螺纹的单一循环加工，循环完毕后，刀具回到起点位置。

（3）指令说明

1）螺纹切削时不需要退刀槽。

2）当用户不用J、K设定螺纹的退尾长度时，可由068号参数的THDCH设置螺纹的退尾长度，螺纹倒角宽度=THDCH×0.1×螺距。

3）在增量值编程中，地址U后面数值的符号取决于轨迹1的 X 方向，地址W后面数值的符号取决于轨迹2的 Z 方向，如图6-6所示。

4）当J、K设定值时，按J、K设定的值执行 X、Z 轴退尾；当只设定J或K值时，按

45°退尾执行；当不需要退尾时，可设 J0 或 K0。

（4）G92 螺纹切削注意事项

1）螺纹切削循环中若有进给保持信号（暂停）输入，则循环继续，直到 3 的动作结束后停止。

2）螺纹导程范围、主轴速度限制等，与 G32 指令相同。

3）用 G92 指令加工直螺纹时，如果起刀点与螺纹终点在 X 方向相同，将产生报警，因为无法识别螺纹为内螺纹或外螺纹。

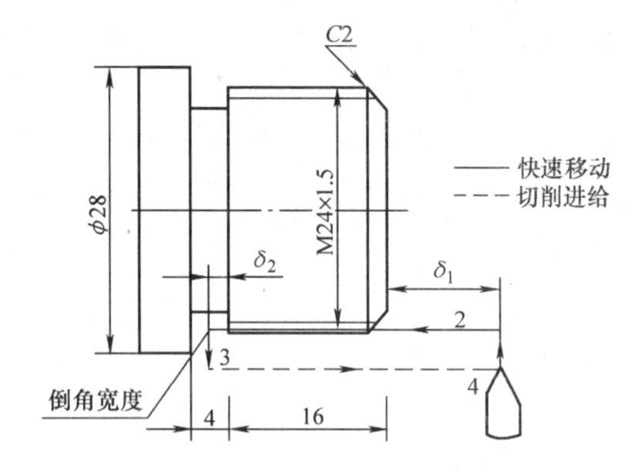

图 6-6　G92 圆柱螺纹车削

其他注意事项同 G32 指令

（5）示例　用 G92 指令编写图 6-6 所示螺纹的数控加工程序。

取 $\delta_1=2\text{mm}$，$\delta_2=3\text{mm}$，总背吃刀量为 0.5mm（单边），分两次切入。

```
O0002;
T0101;
M03;
G00 X26 Z3;
G92 X23 W-21 F1.5;          （第一次切入 0.5mm）
    X22;                    （第二次再切入 0.5mm）
G00 X50 Z50;
M05
M30
```

二、车削螺纹工件的螺纹参数和工艺要求

1. 确定螺纹大径、中径、小径

外螺纹大径（公称直径 d）一般应车得比公称尺寸小 0.2～0.4mm（约 $0.13P$，P 为螺距），以保证车好螺纹后牙顶处有 $0.125P$ 的宽度。具体数值应参照基准制来选择，采用基轴制时，其值应小些，采用基孔制时，其值则可大些。

中径 $d_2=d-0.6495P$，中径处螺纹牙厚和槽宽相等。

小径的计算公式为 $d_1=d-1.3P$。

2. 倒角及退刀槽

螺柱右端面要倒角至螺纹小径尺寸，左边需加工退刀槽。

3. 确定背吃刀量

螺纹切削用量的选择应根据工件材料、螺距大小及螺纹所处的加工位置等因素来决定。前几次的切削用量可大些，以后每次切削用量应逐渐减小。切削速度应选得低些；粗车时，每次背吃刀量在 0.3mm 左右，最后留余量 0.2mm，精车时，每次背吃刀量为 0.1～0.2mm，粗、精车的总背吃刀量为 $1.3P$。米制螺纹切削的进给次数与背吃刀量见表 6-6，供参考。

表 6-6　米制螺纹切削的进给次数与背吃刀量　　（单位：mm）

螺距		1.0	1.5	2.0	2.5	3.0	3.5	4.0
全齿高		0.65	0.975	1.3	1.625	1.95	2.275	2.6
背吃刀量及进给次数	第 1 次	0.3	0.4	0.4	0.4	0.4	0.4	0.4
	第 2 次	0.2	0.2	0.3	0.3	0.3	0.3	0.4
	第 3 次	0.15	0.2	0.3	0.3	0.3	0.3	0.3
	第 4 次		0.175	0.2	0.3	0.3	0.3	0.3
	第 5 次			0.1	0.2	0.3	0.3	0.3
	第 6 次				0.125	0.2	0.3	0.3
	第 7 次					0.15	0.2	0.3
	第 8 次						0.175	0.2
	第 9 次							0.1

三、车刀的选择

螺纹车刀的选择主要考虑刀具的形状和几何角度等方面。高速钢车刀用于加工塑性（钢件）材料的螺纹工件，硬质合金螺纹车刀适用于加工脆性材料（铸铁）和高速切削塑性工件。

车刀的主要几何角度有三个：

1）刀尖角 ε_r 应等于牙型角，三角形螺纹车刀的刀尖角为 60°。

2）前角 γ_o 一般为 0°～15°，螺纹车刀的径向前角对螺纹牙型角有很大的影响。对于精度高的螺纹，径向前角可适当取小些（0°～5°）。

3）后角 α_o 一般为 5°～10°，因螺纹升角的影响，两后角的大小应该磨成不同，进刀方向一面应稍大些。

情境七　综合零件的加工

任务　综合零件的加工

学习目标

1. 完成综合零件的加工工艺分析。
2. 编制综合零件的加工工艺卡片。
3. 完成刀具卡片的填写。
4. 完成综合零件数控加工程序的编写。
5. 完成综合零件的加工。
6. 完成检测、自我评价，记录工作结果。

任务引入

图7-1所示为C6140型车床主轴，它是由外圆、锥度、螺纹、沟槽等组成的综合零件。通过本任务的学习，了解如何安排综合零件的加工顺序、装夹方案，能够综合应用数控加工指令进行编程，并完成综合类零件的加工。

图7-1　车床主轴

任务分析

图7-2所示为带有球头、圆弧面、螺纹的综合零件。本任务的要求如下：

1）仔细阅读零件图样，进行加工工艺分析和工艺准备，编写零件的工艺文件（工艺卡片、刀具卡片），编制零件的数控加工程序。

2）在规定的时间内，按图7-2所示的要求完成综合零件的数控车削加工。

3）毛坯尺寸为$\phi30$mm，无特殊要求。

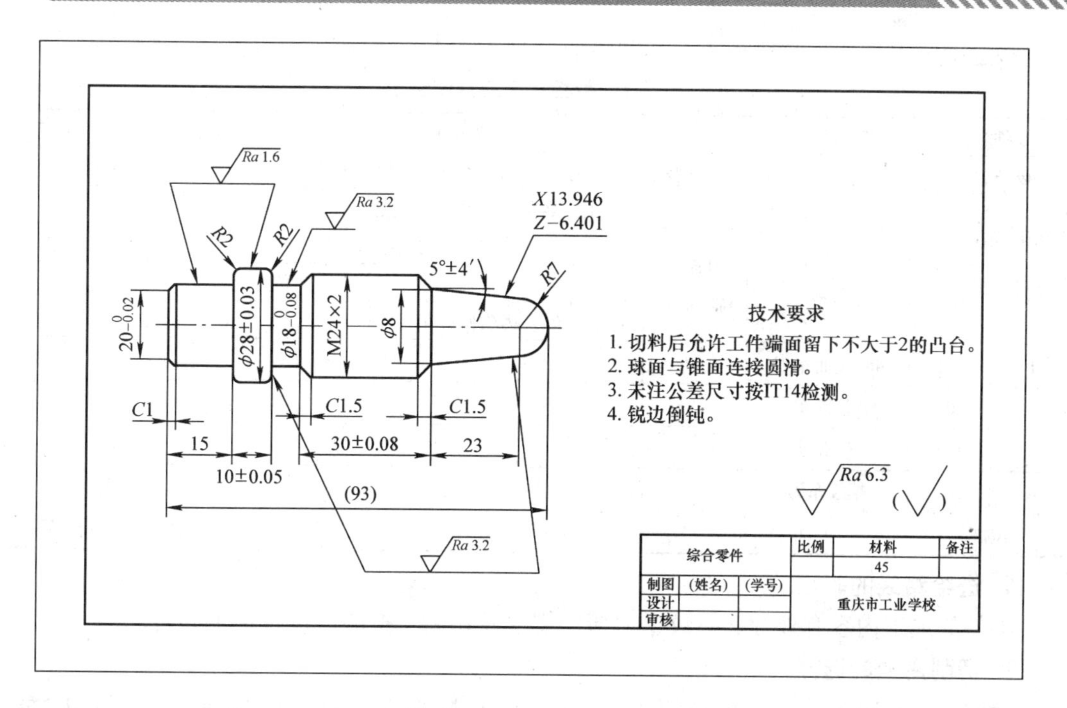

图 7-2　综合零件图

任务准备

一、加工工艺的拟订

1. 工艺分析及加工方法的选择

该综合零件为表面形状比较简单的回转轴类零件。零件材料为 45 钢，毛坯为 ϕ30mm 的棒料，长度为 120mm 无热处理和硬度要求，适合在数控车床上加工。

2. 定位基准和装夹方式的确定

（1）定位　以坯料左端外圆和轴线为定位基准。

（2）装夹　左端不加工的 ϕ30mm 处采用自定心卡盘夹持。

由于零件尺寸比较长，故装夹零件时须注意零件伸出卡盘的长度，比零件总长多 10mm 即可。

3. 工件坐标系的确定

工件坐标系原点设在工件右端面与轴线的交点处。

4. 对刀点和换刀点的确定

本工件对刀点和换刀点设在同一点：以工件右端面中心为工件原点，（50，50）处为对刀点和换刀点。

5. 刀具的选择

1）45°端面车刀。

2）90°外圆车刀。

3）车槽刀，刀体宽 4mm。

4）60°三角形螺纹车刀。

将选中的刀具填入数控车床刀具调整卡（见表7-1），以便进行编程及操作管理。

表7-1 数控车床刀具调整卡

零件名称		综合零件	（单位名称）					零件图号	图7-2
设备名称		数控车床	设备型号	$C_2-3004/2$，GSK980Tb				程序号	O0009
材料	45	硬度	—	工序名称	数控车削加工		工序号	01	
序号	刀具编号	刀具名称	刀片材料牌号	刀具参数				刀补地址	
				刀尖		位置		半径	长度
				刀尖角	刀尖圆弧半径	X向	Z向		
1	T01	45°端面车刀							
2	T02	90°外圆车刀						02	
3	T03	车槽刀						03	
4	T04	螺纹车刀						04	
编制		审核		批准			年 月 日	共 页，第 页	

6. 进给路线的确定

零件的加工内容有外圆、螺纹退刀槽、螺纹及切断，按顺序进行加工即可。

7. 切削用量的选择

背吃刀量：粗车轮廓时单边切入，$a_p=1\text{mm}$；精加工余量为0.5mm，即$a_p=0.5\text{mm}$。主轴转速$n=800\text{r/min}$，进给速度$v_f=100\text{mm/min}$。

综合前面各项内容，填写数控加工工序卡（见表7-2）。

表7-2 数控加工工序卡

零件名称	综合零件	夹具名称	自定心卡盘		（单位名称）		
零件图号	图7-2	夹具编号					
设备名称及型号	数控车床 $C_2-3004/2$，GSK980Tb						
工序号	01	工序名称	数控车削加工	材料	45	硬度	—
工步号	工步内容	切削用量			刀具		备注
		n/(r/min)	v_f/(mm/min)	a_p/(mm)	编号	名称	
1	平端面	800			01	端面车刀	手动
2	外轮廓加工	800	100	2	02	外圆车刀	自动
3	车槽	200	20	4	03	车槽刀	自动
4	螺纹加工	450			04	螺纹车刀	自动
5	切断	200	20		03	车槽刀	自动
编制		审核		批准		年 月 日	共 页，第 页

二、数控编程数学处理

该综合零件编程时所需的刀位点比较简单，其坐标值在此不一一列出。

三、编制加工程序

该综合零件全部采用手工编程，编程时以工件轴线与右端面的交点为工件坐标系原点。

其数控加工程序示例见表7-3（学生自行编写）。

表7-3　综合零件数控加工程序示例

零件图号	图7-2		零件名称	综合零件	编制		审核	
工序		工步	夹具名称	自定心卡盘	日期	年　月　日	日期	年　月　日
程序段号	程序内容		说明					
	O0009		程序名					

任务实施

1. 加工前的准备

（1）毛坯　ϕ30mm的45钢圆棒料。

（2）刀具　见刀具表或切削用量表。

（3）量具　游标卡尺（0～150mm）、钢直尺（0～300mm）。

（4）机床　$C_2-3004/2$，GSK980Tb。

2. 加工过程（参见情境二任务1）

1）开机，检查机床各项指标，正常后方可操作。

2）编辑程序，建立O0009数控加工程序。

3）校验O0009数控加工程序并修改至正确。

4）安装毛坯、刀具，完成对刀操作。

5）运行O0009数控加工程序，加工出所需综合零件。

6）用相应的量具检验零件是否合格，并入库保存。

任务评价

加工完成后，填写任务评价表（见表7-4）。

表7-4　任务评价表

任务名称							
任务评价成绩				指导教师			
类别	序号	任务评价项目	结果	A	B	C	D
编程	1	程序是否能顺利完成加工					
	2	编程的格式及关键指令是否使用正确					
	3	程序是否满足零件工艺要求					
	4	该零件编程的收获主要有哪些	回答：				
	5	如何完善程序	回答：				

（续）

任务名称							
任务评价成绩				指导教师			
类别	序号	任务评价项目	结果	A	B	C	D
工件、刀具安装	1	刀具安装是否正确					
	2	工件安装是否正确					
	3	刀具安装是否牢固					
	4	工件安装是否牢固					
	5	安装刀具时，需要注意的事项有哪些	回答：				
	6	安装工件时，需要注意的事项有哪些	回答：				
操作加工	1	操作是否规范					
	2	着装是否规范					
	3	切削用量是否符合加工要求					
	4	刀柄和刀片的选用是否合理					
	5	加工时，需要注意的事项有哪些	回答：				
	6	加工时，经常出现的加工误差有哪些	回答：				
精度检测	1	是否了解本零件测量所需各种量具的原理及使用方法					
	2	是否掌握本零件所使用的测量方法					

自我总结：

学生签字： 指导教师签字：

知识拓展

一、单一型固定循环指令

在一些粗加工中，由于切削量大，同一加工路线要反复切削多次，此时可利用固定循环功能，用一个程序段实现通常由多个程序段才能完成的加工路线。在重复切削时，只需改变相应的数值即可，对简化程序非常有效。单一型固定循环指令有外（内）圆切削循环 G90、螺纹切削循环 G92 和端面切削循环 G94 等。

下文的说明图中，是用直径指定的。当使用半径指定时，可用 U/2 替代 U、X/2 替代 X。

1. 外（内）圆切削循环 G90

（1）指令格式　G90 X(U)__ Z(W)__ R __ F __；

X、Z：循环终点绝对坐标值。

U、W：循环终点相对循环起点的坐标。

R：循环起点与循环终点的半径之差。

X(U)、Z(W)、R 的取值范围：－9999.999～＋9999.999mm。

F：循环中 X、Z 轴的合成进给速度，模态指令。

（2）指令功能　执行该指令时，可实现圆柱面、圆锥面的单一循环加工，循环完毕，刀具回起点位置。图 7-3、图 7-4 中，虚线（R）表示快速移动，实线（F）表示切削进给。

在增量值编程中，地址 U 后面数值的符号取决于轨迹 1 的 X 方向，地址 W 后面数值的符号取决于轨迹 2 的 Z 方向。

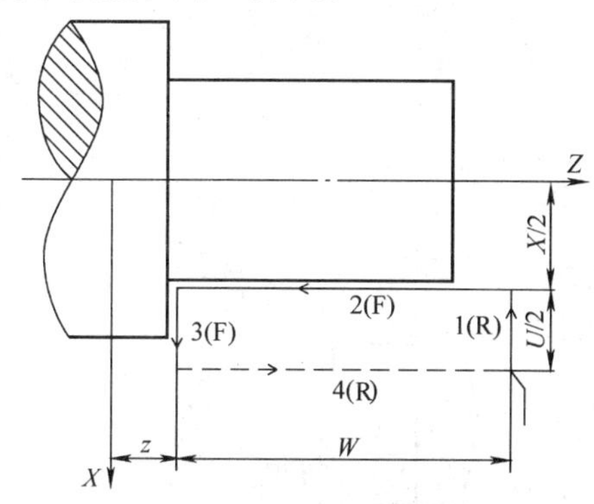

图 7-3　G90 圆柱面车削轨迹

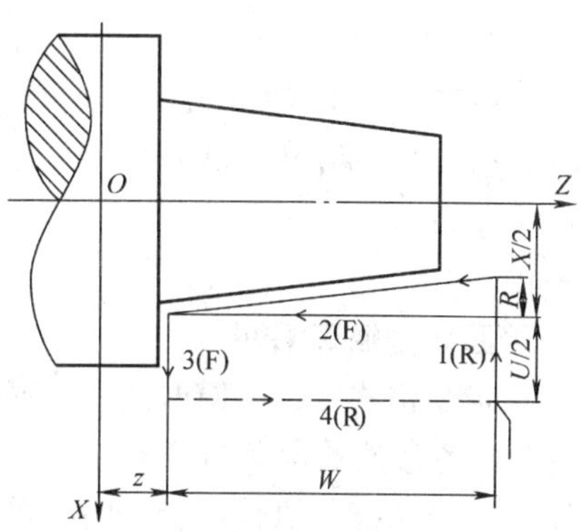

图 7-4　G90 圆锥面车削轨迹

根据起刀点位置的不同，G90 代码有四种轨迹，如图 7-5～图 7-8 所示。

1）U<0，W<0，R<0，如图 7-5 所示。

2）U<0，W<0，R>0，如图 7-6 所示。

3）U>0，W<0，R<0，如图 7-7 所示。

4）U>0，W<0，R>0，如图 7-8 所示。

（3）示例　用 G90 指令编写图 7-9 所示零件的数控加工程序。

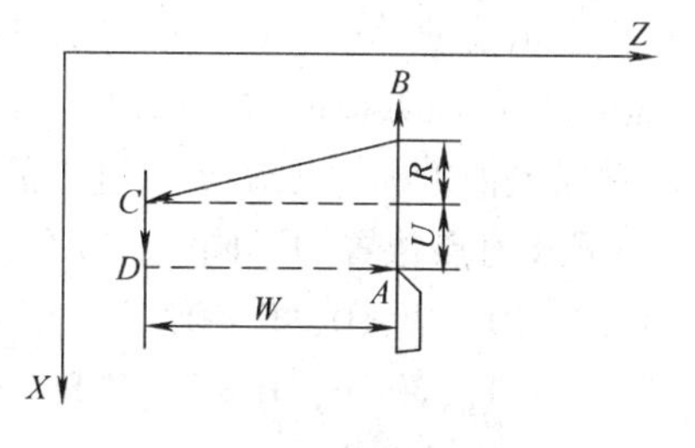

图 7-5　G90 外圆顺锥车削轨迹

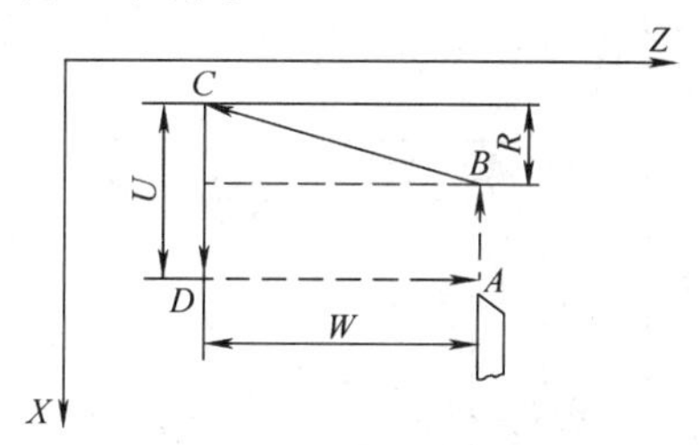

图 7-6　G90 外圆倒锥车削轨迹

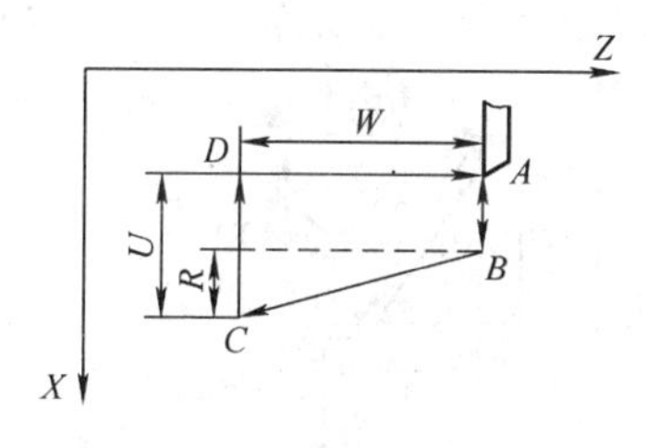

图 7-7　G90 内圆顺锥车削轨迹

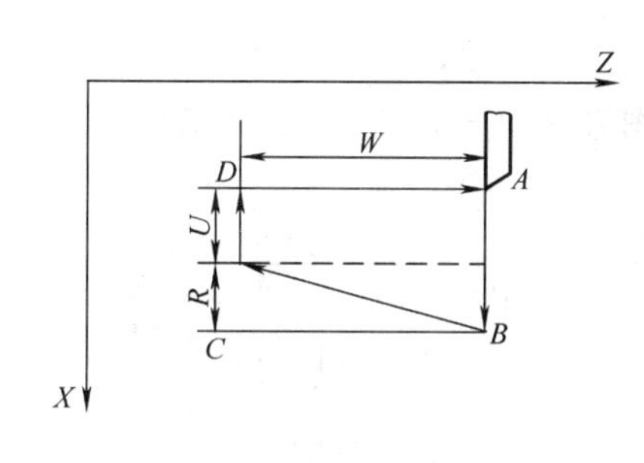

图 7-8　G90 内圆倒锥车削轨迹

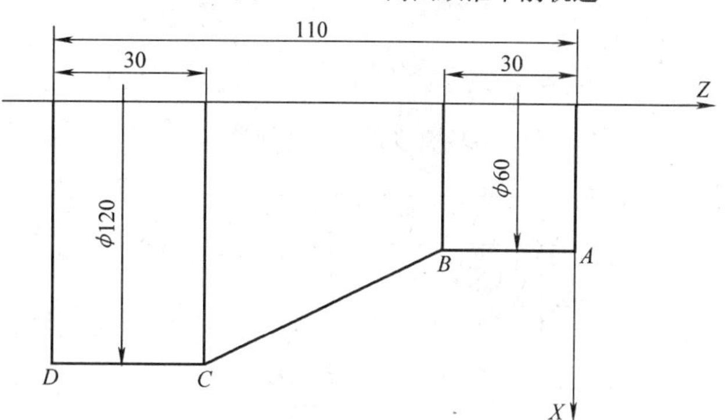

图 7-9　G90 指令编程示例

O0001；

M03 S300；

G00 X130 Z5;
G90 X120 Z-110 F200; (C→D)
X60 Z-30; (A→B)
G00 X130 Z-30;
G90 X120 Z-80 R-30 F150; (B→C)
M05 S00;
M30;

2. 端面切削循环 G94

(1) 指令格式 G94 X(U)__ Z(W)__ R__ F__;

指令中各参数的含义同 G90。

(2) 指令功能 执行该指令时，可进行端面的单一循环加工，循环完毕，刀具回起点位置。图 7-10、图 7-11 中 R 表示快速移动，F 表示切削进给。在增量值编程中，地址 U 后面数值的符号取决于轨迹 2 的 *X* 方向，地址 W 后面数值的符号取决于轨迹 1 的 *Z* 方向。

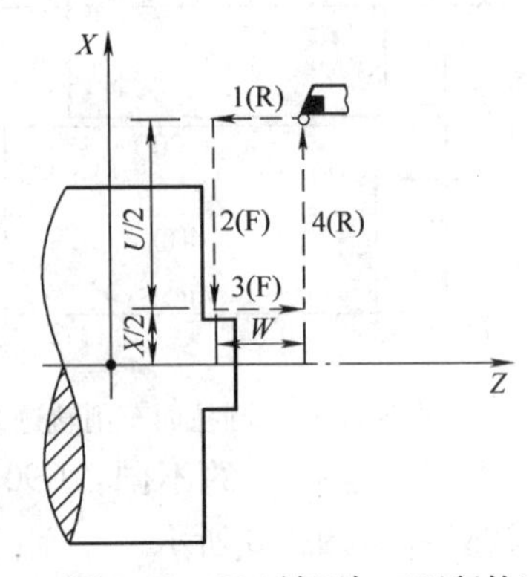

图 7-10 G94 端面加工运行轨迹

根据起刀点位置的不同，G94 代码有四种轨迹，如图 7-12 ~ 图 7-15 所示。

1) U<0，W<0，R<0，如图 7-12 所示。

2) U<0，W<0，R>0 (|R|≤|W|)，如图 7-13 所示。

3) U>0，W<0，R>0 (|R|≤|W|)，如图 7-14 所示。

4) U>0，W<0，R<0，如图 7-15 所示。

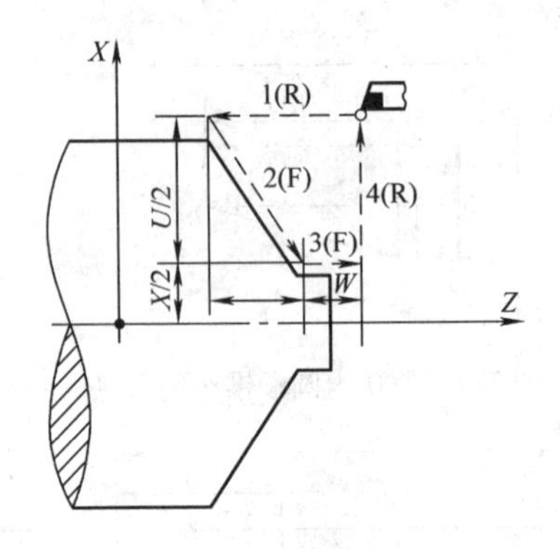

图 7-11 G94 锥度加工运行轨迹

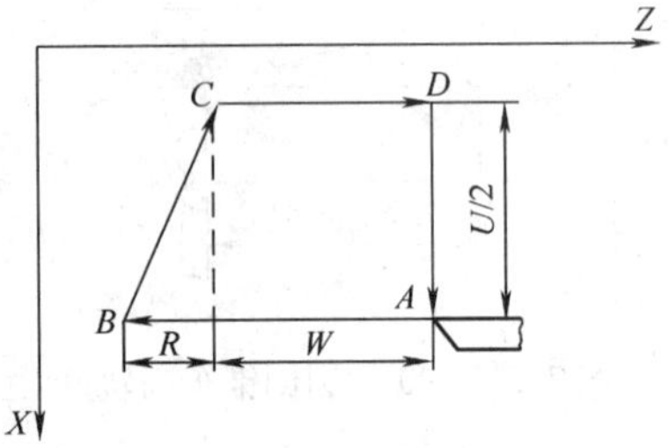

图 7-12 G94 外圆顺锥运行轨迹

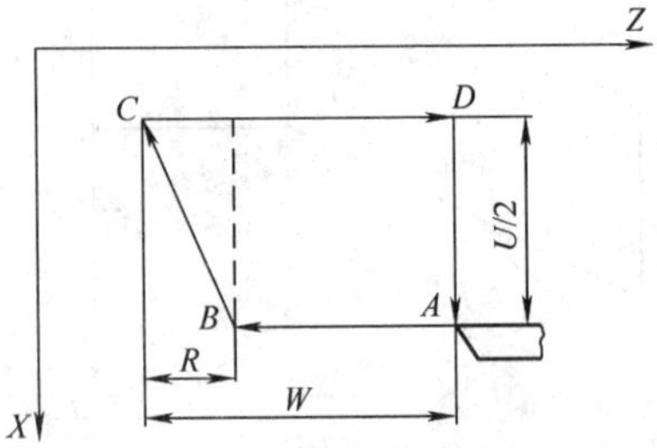

图 7-13 G94 外圆倒锥运行轨迹

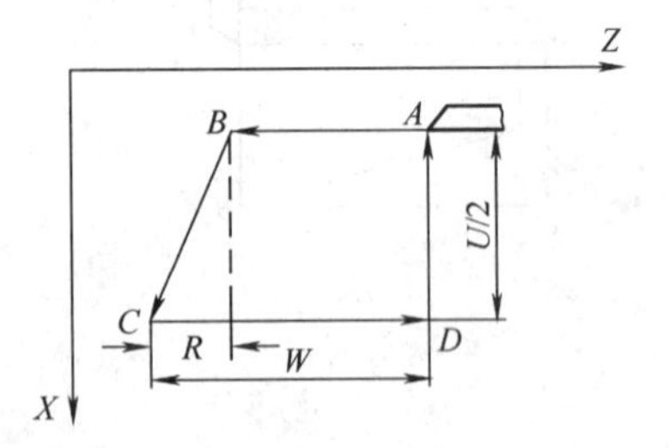

图 7-14 G94 内孔倒锥运行轨迹

(3) 示例 用 G94 指令编写图 7-9 所示零件的数控加工程序。

```
O0002;
M03 S01;
G00 X130 Z5;
G94 X120 Z-110 F100;        (D→C)
G00 X120 Z0;
G94 X60 Z-30 R-50;          (C→B→A)
M05 S00;
M30;
```

图 7-15　G94 内孔顺锥运行轨迹

3. 使用单一型固定循环指令的注意事项

1）在单一型固定循环中，数据 X(U)、Z(W)、R 都是模态值，当没有指定新的 X(U)、Z(W)、R 时，前面指令中的数据均有效。

2）在单一型固定循环中，当指令了 G04 以外的非模态 G 代码或 G90、G92 或 G94 以外的 01 组指令时，X(U)、Z(W)、R 指令的数据将被清除。

3）若 G90、G92 或 G94 程序段后只有无移动指令的程序段，则不会重复此固定循环。例如：

```
N003 M03;
⋮
N010 G90 X20.0 Z10.0 F2000;
N011 M08;（不会重复执行 G90）
⋮
```

4）在固定循环状态下，如果指令了 M、S、T，则固定循环可以和 M、S、T 功能同时进行。如果在指令 M、S、T 后取消了固定循环（由于代码 G00、G01），则需再次指令固定循环。例如：

```
N003 T0101;
⋮
N010 G90 X20.0 Z10.0 F2000;
N011 G00 T0202;
N012 G90 X20.5 Z10.0;（再次指令 G90）
```

二、复合型固定循环指令

为简化编程，这里介绍 5 个复合型固定循环指令，分别为外（内）圆粗车循环 G71、端面粗车循环 G72、封闭切削循环 G73、精加工循环 G70 和外圆切槽循环 G75。运用这些复合型固定循环指令，只需指定精加工路线和粗加工的背吃刀量等数据，系统便会自动计算粗加工路线和进给次数。

1. 外（内）圆粗车循环 G71

（1）指令格式

G71 U(ΔD)R(e) F(f)

G71 P(ns) Q(nf) U(ΔU) W(ΔW)F(f) S(s) T(t)；

N(ns)…；

⋮

…F;

…S;（精加工路线程序段）

…T;

N（*nf*）…;

ΔD：背吃刀量。切入方向由 AA' 方向决定（半径指定），取值范围为 0.001 ~ 9999.999mm，模态指令。用 No.071 参数也可以指定，根据程序指令，参数值也发生改变。

e：退刀量（半径指定），单位为 mm，模态指令。用 No.072 参数也可设定，用程序指令时，参数值也发生改变。

ns：精加工路线程序段群中第一个程序段的顺序号。

nf：精加工路线程序段群中最后一个程序段的顺序号。

ΔU：X 轴方向精加工余量的距离及方向，取值范围为 ±9999.999mm。

ΔW：Z 轴方向精加工余量的距离及方向，取值范围为 ±9999.999mm。

F：进给速度，取值范围为 1 ~9999.999mm/min。

S：主轴转速。

T：刀具、刀偏号。

（2）指令功能　系统根据 *ns* ~ *nf* 程序段给出的工件精加工路线、背吃刀量、进刀量与退刀量等自动计算粗加工路线，如图 7-16 所示。用与 Z 轴平行的动作进行切削。对于非成形棒料，可一次加工成形。

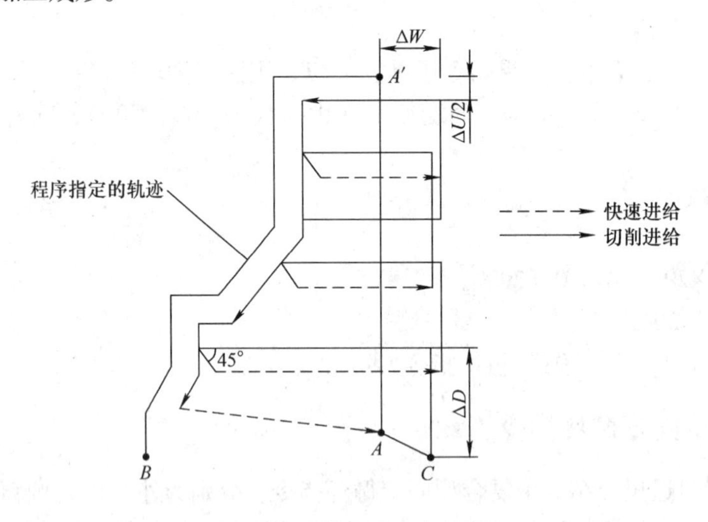

图 7-16　G71 指令运行轨迹

（3）指令说明

1）ΔD、ΔU 都用同一地址 U 指定，根据该程序段有无指定 P、Q 进行区别。

2）循环动作由 P、Q 指定的 G71 指令进行。

3）在 G71 循环中，顺序号 *ns* ~ *nf* 之间程序段中的 F、S、T 功能都无效，全部忽略。G71 程序段或以前指令的 F、S、T 有效。顺序号 *ns* ~ *nf* 间程序段中的 F、S、T 只对 G70 指令有效。

4）带有恒线速控制功能时，顺序号 *ns* ~ *nf* 之间程序段中的 G96 或 G97 无效，在 G71 或以前程序段中指令的有效。

5）根据切入方向的不同，G71 指令轨迹有图 7-17 所示的四种情况。无论是哪种情况，都是按照刀具平行于 *Z* 轴移动进行切削的。

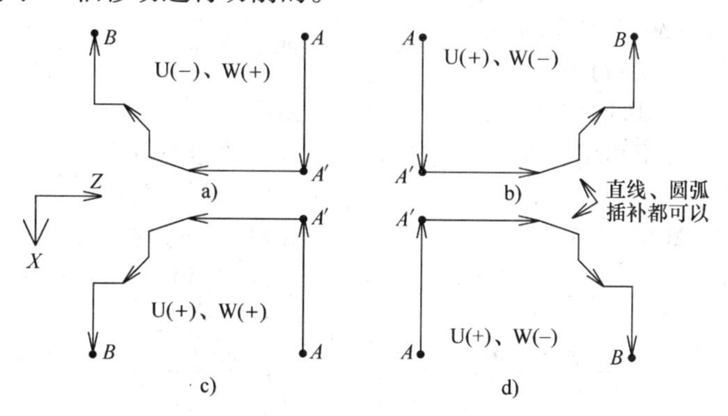

图 7-17　G71 指令轨迹的四种情况

① 在 *A* 至 *A′*间，顺序号 *ns* 的程序段中可含有 G00 或 G01 代码，但不能含有 *Z* 轴指令。

② 在 *A′*至 *B* 间，*X* 轴、*Z* 轴必须都是单调增大或减小的。

③ 在顺序号 *ns* 与 *nf* 之间的程序段中，不能调用子程序。

（4）示例　用复合型固定循环指令 G71 编写图 7-18 所示零件的数控加工程序。

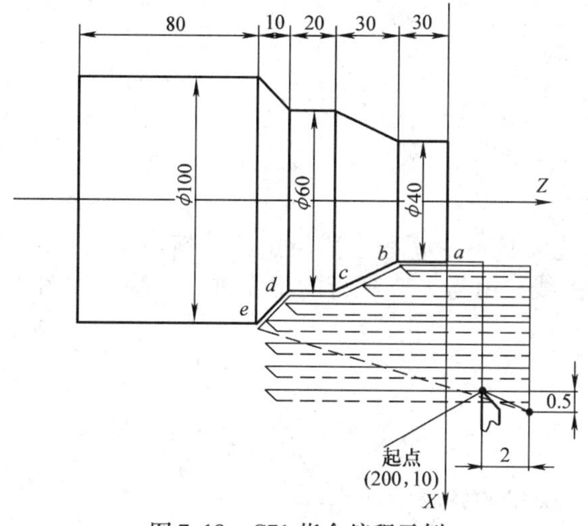

图 7-18　G71 指令编程示例

O0001；

N010 G50 X220.0 Z50；　　（设定坐标系）

N020 M03 S300；　　（主轴正转，转速为 300r/min）

N030 M08；　　（切削液开）

N040 T0101；　　（调入粗车刀）

N050 G00 X200.0 Z10.0；　　（快速定位，接近工件）

N060 G71 U4.0 R1.0；　　（每次背吃刀量为 4mm，退刀量为 1mm，均为半径值）

N070 G71 P080 Q120 U1 W2.0 F100 S200；　　（对 *a*→*d* 进行粗加工，余量 *X* 方向为 1mm，*Z* 方向为 2mm）

N080 G00 X40.0;　　　　（定位到 X40）
N090 G01 Z-30.0 F100 S200;（$a \to b$）
N100 X60.0 W-30.0;（$b \to c$）
N110 W-20.0;（$c \to d$）
N120 X100.0 W-10.0;（$d \to e$）
（精加工路线 $a \to b \to c \to d \to e$ 程序段）
N130 G00 X220.0 Z50.0;　　　　（快速退刀到安全位置）
N140 T0202;　　　　（调入 2 号精车刀，执行 2 号刀偏）
N160 G70 P80 Q120;　　　　（对 $a \to e$ 进行精加工）
N170 M05 S00;　　　　（主轴停）
N180 M09;　　　　（切削液关）
N190 G00 X220.0 Z50.0 T0100;　　　　（快速回安全位置，换回基准刀，清刀偏）
N200 M30;　　　　（程序结束）

2. 端面粗车循环 G72

（1）指令格式

G72 W（Δd）R（e）F（f）;
G72 P（ns）Q（nf）U（Δu）W（Δw）S（s）T（t）;
N（ns）…;　　　　（精加工路线程序段）
⋮
…F;
…S;
…T;
⋮
N（nf）…;

各参数的含义同 G71。

（2）指令功能　系统根据 $ns \sim nf$ 程序段给出工件精加工路线、背吃刀量、进刀量、退刀量等自动计算粗加工路线，用与 X 轴平行的动作进行切削，如图 7-19 所示。对于非成形棒料可一次成形。

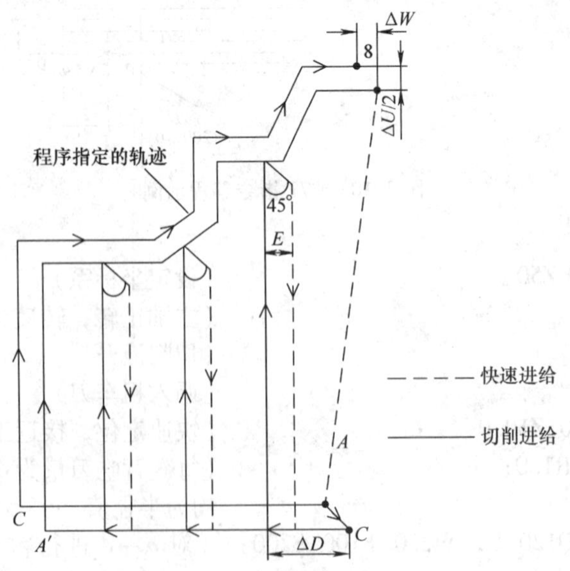

图 7-19　G72 指令运行轨迹

（3）指令说明

1）G72 指令说明同 G71 指令。

2）根据切入方向的不同，G72 指令轨迹有图 7-20 所示的四种情况。无论是哪种情况，都是按照刀具平行于 X 轴移动进行切削的。

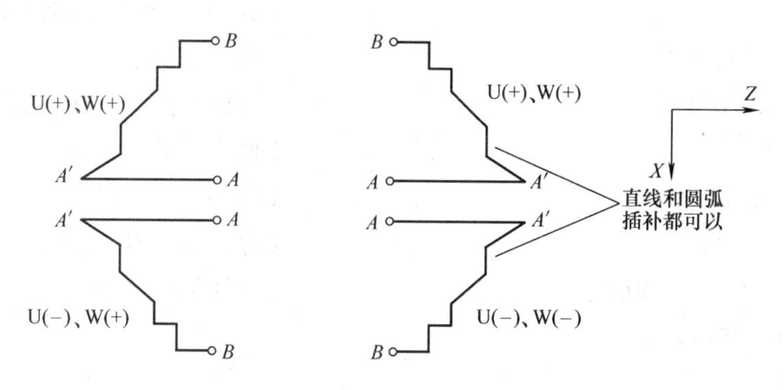

图 7-20　G72 指令轨迹的四种情况

（4）示例　用复合型固定循环指令 G72 编写图 7-21 所示零件的数控加工程序。

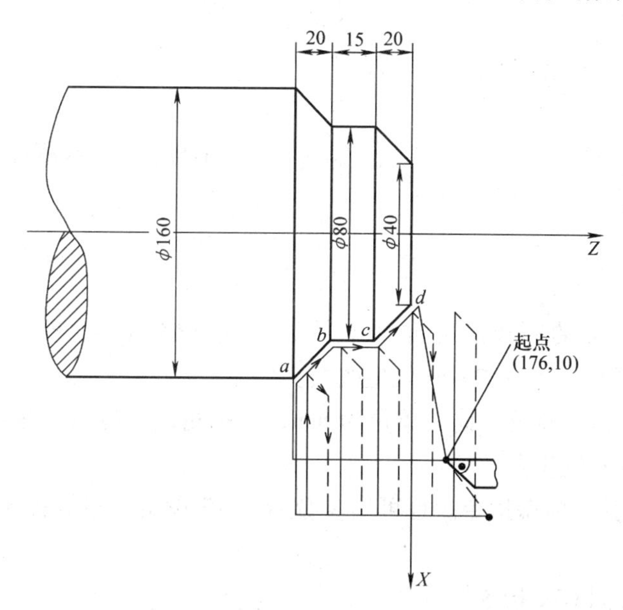

图 7-21　G72 指令加工示例

```
O0002;
N010 G50 X220.0 Z50.0;                  （设定工件坐标系）
N015 T0202;                             （换 2 号刀，执行 2 号刀偏）
N017 M03 S200;                          （主轴正转，转速为 200r/min）
N020 G00 X176.0 Z10.0;                  （快速定位，接近工件）
N030 G72 W7.0 R1.0;                     （进刀量为 7mm，退刀量为 1mm）
N040 G72 P050 Q090 U4.0 W2.0 F100 S200; （对 a→d 粗车，X 方向留 4mm 余量，
```

Z 方向留 2mm 余量）

```
N050 G00 Z-55.0 S200 ;          （快速定位）
N060 G01 X160.0 F120;           （进刀至 a 点）
N070 X80.0 W20.0;               （加工 a→b）
N080 W15.0;                     （加工 b→c）（精加工路线程序段）
N090 X40.0 W20.0 ;              （加工 c→d）
N100 G00 X220.0 Z50.0;          （快速退刀至安全位置）
N105 T0303;                     （换 3 号刀，执行 3 号刀偏）
N110 G70 P050 Q090;             （精加工 a→d）
N120 M05 S00 T0200;             （停主轴，换 2 号刀，取消刀补）
N130 G00 X220.0 Z50.0;          （快速返回起点）
```

3. 封闭切削循环 G73

（1）指令格式

G73 U（Δi） W（Δk） R（d） F（f）;

G73 P(ns) Q（nf） U（Δu） W（Δw） S（s） T（t）

N（ns） …;

⋮

…F;

…S;　　　　　　　　　　　　　　　　（精加工路线程序段）

…T;

⋮

N（nf） …;

Δi：X 轴方向退刀的距离及方向（半径值），单位为 mm，模态指令。也可用参数 No. 073 设定，根据程序指令，参数值发生改变。

Δk：Z 轴方向退刀距离及方向，单位为 mm，模态指令。也可用参数 No. 074 设定，根据程序指令，参数值发生改变。

D：封闭切削次数，模态指令。也可用参数 No. 075 设定，根据程序指令，参数值发生改变。

其余参数的含义同 G71 指令。

（2）指令功能　利用该循环指令，可以按 $ns \sim nf$ 程序段给出的轨迹重复切削，每次切削刀具向前移动一次，如图 7-22 所示。对于锻造、铸造等粗加工已初步形成的毛坯，可以高效率地进行加工。

（3）指令说明

1）在 $ns \sim nf$ 间，任何一个程序段上的 F、S、T 功能均无效。仅在 G73 中指定的 F、S、T 功能有效。

2）Δi、Δk、ΔU、Δw 都用地址 U，W 指定，选取时，根据有无指定 P、Q 来判断。

3）$ns \sim nf$ 间的程序段不能调用子程序。

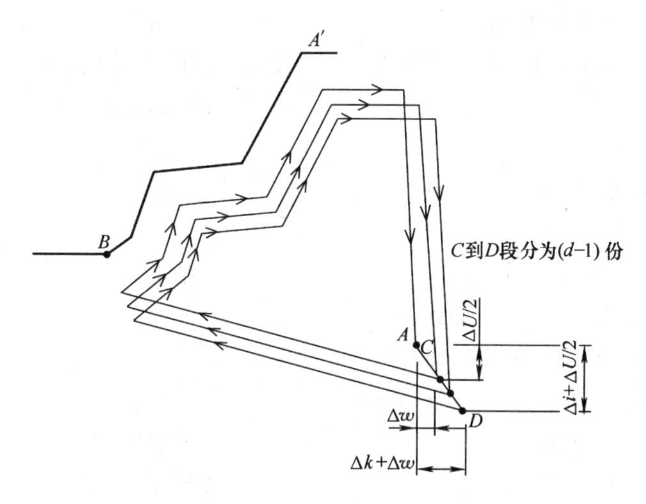

图 7-22　G73 指令运行轨迹

4）根据 ns～nf 程序段来实现循环加工，编程时注意 ΔU、Δw、Δi、Δk 的符号。循环结束后，刀具返回 *A* 点。

5）当程序中 Δi、Δk 任意一个为 0 时，需在程序中编入 U0 或 W0；或将参数 No. 73 及 No. 74 设置为 0，否则可能受到上一次 G73 程序设定值的影响。

（4）示例　用封闭切削循环指令 G73 编写图 7-23 所示零件的数控加工程序。（直径指定，米制输入）

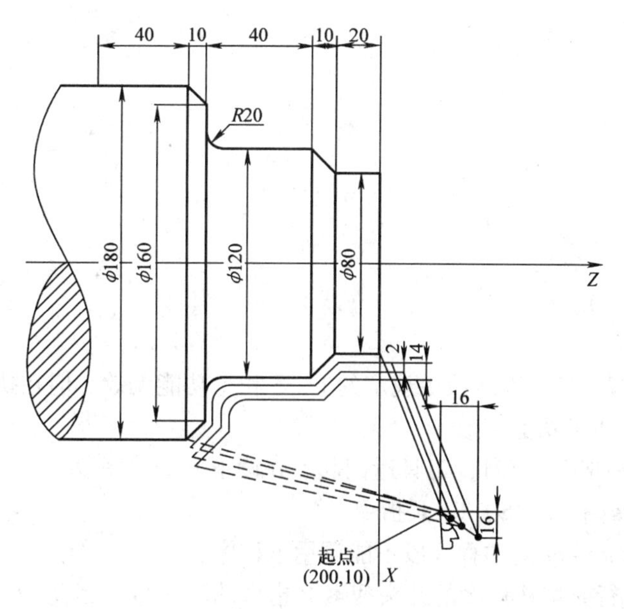

图 7-23　G73 指令加工示例

O0001;

N010　G50　X260.0　Z50.0;　　　　　　　（设置工件坐标系）

N011　G99　G00　X200.0　Z10.0　M03;　　（快速定位至起点，起动主轴）

N012 G73 U14.0 W14.0 R3; （X 向退刀 28mm，Z 向退刀 14mm）

N013 G73 P014 Q019 U4.0 W2.0 F0.3 S0180; （粗车，X 方向留 4mm 余量，Z 方向留 2mm 精车余量）

N014 G00 X80.0 W-10.0;

N015 G01 W-20.0 F0.15 S600;

N016 X120.0 W-10.0;

N017 W-20.0 S0400; （精加工程序段）

N018 G02 X160.0 W-20.0 R20.0;

N019 G01 X180.0 W-10.0 S280;

N020 M05 S00; （主轴停）

N021 G00 X260.0 Z50.0; （快速定位）

N022 M30; （程序结束）

4. 精加工循环 G70

（1）指令格式　G70 P(ns) Q(nf);

（2）指令功能　执行该指令时，刀具从起始位置沿着 ns ~ nf 程序段给出的精加工轨迹进行精加工。在用 G71、G72、G73 进行粗加工后，可以用 G70 指令进行精车。

G70 指令轨迹由 ns ~ nf 之间程序段的编程轨迹决定。ns、nf 在 G70 ~ G73 程序段中的相对位置关系如下：

G71/G72/G73 P(ns) Q(nf) U(Δu) W(Δw) F__S__T__;

N (ns) …;

…F;

…S;

…T;

⋮

N (nf) …;

⋮

G70 P(ns) Q(nf);

（3）指令说明

1）在 G71、G72、G73 程序段中规定的 F、S 和 T 功能无效，但在执行 G70 指令时 ns ~ nf 之间指定的 F、S 和 T 功能有效。

2）当 G70 循环加工结束时，刀具返回起点并读下一个程序段。

3）G70 指令可含有 M、S、T、F 指令。

4）G70 指令中 ns ~ nf 间的程序段不能调用子程序。

5）G70 指令执行时均从程序的开头搜索 P 指令的顺序号，因此一个程序中不能定义相同的顺序号，否则系统不报警，但运行的轨迹与编程时的要求可能不一致。

5. 外圆车槽循环 G75

（1）指令格式

G75 R (e);

G75 X(u) Z(w) P(Δi) Q(Δk) R(Δd) F(f) ;

e：每次沿 X 方向切削 Δi 后的退刀量，设定范围为0～9999.999mm，模态指令。也可用参数 No. 076 设定，根据程序指令，参数值发生改变，半径指令。

X：C 点 Z 方向的绝对坐标值，单位为 mm。

U：A 点到 C 点的增量，单位为 mm。

Z：B 点的 Z 方向绝对坐标值，单位为 mm。

W：A 点到 B 点的增量，单位为 mm。

Δi：X 方向的每次循环移动量（无符号，半径值），单位为 mm。

Δk：Z 方向的每次切削移动量（无符号），单位为 mm。

Δd：切削到终点时 Z 方向的退刀量，通常不指定，省略 X（U）和 Δi 时视为0。

F：切削进给速度。

（2）指令功能　执行该指令时，系统根据程序段所确定的切削终点（程序段中 X 轴和 Z 轴坐标值所确定的点）及 e、Δi、Δk 和 Δd 的值来决定刀具的运行轨迹。相当于在 G74 指令中，把 X 和 Z 调换。在此循环中，可以进行端面切削的断屑处理，并且可以对外径进行沟槽加工和切断加工（省略 Z、W、Q）。G75 指令运行轨迹如图 7-24 所示。

（3）指令说明

1）e 和 Δd 都用地址 R 指定，选用时它们的根据有无指定 X（U）确定。也就是说，如果 X（U）被指定了，则为 Δd；如未指定 X（U），则为 e。

2）循环动作用含 X（U）的 G75 指令指定。

（4）示例　用 G75 指令编写图 7-25 所示零件的数控加工程序。

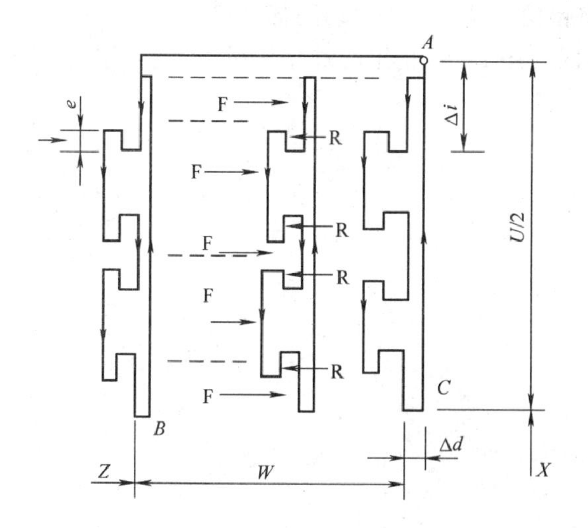

图 7-24　G75 指令运行轨迹

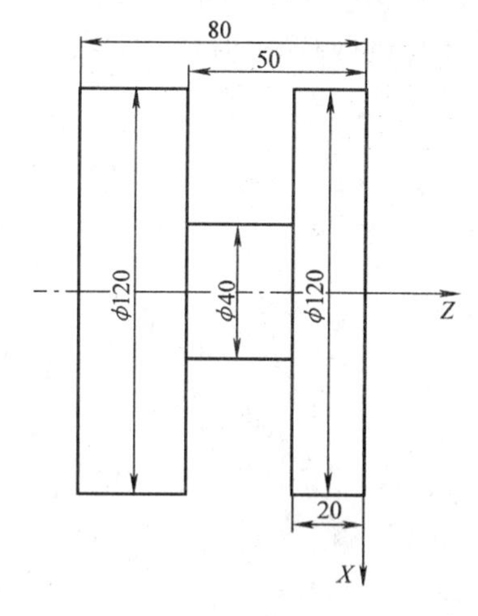

图 7-25　G75 指令加工示例

```
O0001;                    (程序名)
G50  X150  Z50;           (快速定位)
M03  S500;                (起动主轴，转速为 500r/min)
G00  X125  Z-20;          (定位到加工起始点)
G75  R1  ;                (加工循环)
```

G75 X40 Z－50 P2 Q2 F50；
G00 X150；　　　　　　（*X* 向退刀）
Z50；　　　　　　　　（*Z* 向退刀）
M05 S00；　　　　　　（主轴停）
M30；　　　　　　　　（程序结束）

6. 使用复合型固定循环指令时的注意事项

1）在指定复合型固定循环的程序段中，必须正确指令 P、Q、X、Z、U、W、R 等必要的参数。

2）在含 G71、G72、G73 指令的程序段中，如果由 P 指令指定了顺序号，则对应此顺序号的程序段必须指令 01 组 G 代码的 G00 或 G01，否则会发生 P/S 报警（No. 65）。

3）在 MDI 方式中，不能执行 G70、G71、G72、G73、G74、G75、G76 指令，即使指令了也不执行。

4）在 G70、G71、G72、G73 指令程序段中，用 P 和 Q 指令顺序号的程序段范围内，不能有下面的指令。

① G00、G01、G02、G03 以外的 01 组指令。

② M98、M99。

③ G04 在粗加工最后成形一刀及精加工中有效。

5）执行复合固定循环（G70～G76）时，可以使动作停止插入手动运动，但再次开始执行复合型固定循环时，必须返回插入手动运动前的位置。如果不返回就重新开始，则手动的移动量不加在绝对值上，后面的动作将错位，其值等于手动的移动量。

6）执行 G70、G71、G72、G73 指令时，用 P、Q 指定的顺序号在这个程序内不能重合。

附　　录

数控车工国家职业标准

一、职业概况

1. 职业名称

数控车工。

2. 职业定义

从事编制数控加工程序并操作数控车床进行零件车削加工的人员。

3. 职业等级

本职业共设四个等级，分别为中级（国家职业资格四级）、高级（国家职业资格三级）、技师（国家职业资格二级）、高级技师（国家职业资格一级）。

4. 职业环境

室内、常温。

5. 职业能力特征

具有较强的计算能力和空间感，形体知觉及色觉正常，手指、手臂灵活，动作协调。

6. 基本文化程度

高中毕业（或同等学历）。

7. 培训要求

（1）培训期限　全日制职业学校教育，根据其培养目标和教学计划确定。晋级培训期限：中级不少于400标准学时，高级不少于300标准学时，技师不少于200标准学时，高级技师不少于200标准学时。

（2）培训教师　培训中、高级人员的教师应取得本职业技师及以上职业资格证书或相关专业中级及以上专业技术职称任职资格；培训技师的教师应取得本职业高级技师职业资格证书或相关专业高级专业技术职称任职资格；培训高级技师的教师应取得本职业高级技师职业资格证书2年以上或取得相关专业高级专业技术职称任职资格2年以上。

（3）培训场地和设备　满足教学要求的标准教室、计算机机房及配套的软件、数控车床及必要的刀具、夹具、量具和辅助设备等。

8. 鉴定要求

（1）适用对象　从事或准备从事本职业的人员。

（2）申报条件

——中级（具备以下条件之一者）：

1）经本职业中级正规培训达规定标准学时数，并取得结业证书。

2）连续从事本职业工作5年以上。

3）取得经劳动保障行政部门审核认定的，以中级技能为培养目标的中等以上职业学校本职业（或相关专业）毕业证书。

4）取得相关职业中级职业资格证书后，连续从事本职业2年以上。

——高级（具备以下条件之一者）：

1）取得本职业中级职业资格证书后，连续从事本职业工作2年以上，经本职业高级正规培训，达到规定标准学时数，并取得结业证书。

2）取得本职业中级职业资格证书后，连续从事本职业工作4年以上。

3）取得劳动保障行政部门审核认定的，以高级技能为培养目标的职业学校本职业（或相关专业）毕业证书。

4）大专以上本专业或相关专业毕业生，经本职业高级正规培训，达到规定标准学时数，并取得结业证书。

——技师（具备以下条件之一者）：

1）取得本职业高级职业资格证书后，连续从事本职业工作4年以上，经本职业技师正规培训达规定标准学时数，并取得结业证书。

2）取得本职业高级职业资格证书的职业学校本职业（专业）毕业生，连续从事本职业工作2年以上，经本职业技师正规培训达规定标准学时数，并取得结业证书。

3）取得本职业高级职业资格证书的本科（含本科）以上本专业或相关专业的毕业生，连续从事本职业工作2年以上，经本职业技师正规培训达规定标准学时数，并取得结业证书。

——高级技师：取得本职业技师职业资格证书后，连续从事本职业工作4年以上，经本职业高级技师正规培训达规定标准学时数，并取得结业证书。

（3）鉴定方式　分为理论知识考试和技能操作考核。理论知识考试采用闭卷方式，技能操作（含软件应用）考核采用现场实际操作和计算机软件操作结合方式。理论知识考试和技能操作（含软件应用）考核均实行百分制，成绩皆达60分及以上者为合格。技师和高级技师还需进行综合评审。

（4）考评人员与考生配比　理论知识考试考评人员与考生配比为1∶15，每个标准教室不少于2名相应级别的考评员；技能操作（含软件应用）考核考评员与考生配比为1∶2，且不少于3名相应级别的考评员；综合评审委员不少于5人。

（5）鉴定时间　理论知识考试为120min，技能操作考核中实操时间为：中级、高级不少于240min，技师和高级技师不少于300min，技能操作考核中软件应用考试时间不超过120min，技师和高级技师的综合评审时间不少于45min。

（6）鉴定场所设备　理论知识考试在标准教室里进行，软件应用考试在计算机机房进行，技能操作考核在配备必要的数控车床及必要的刀具、夹具、量具和辅助设备的场所进行。

二、基本要求

1. 职业道德

（1）职业道德基本知识　略。

（2）职业守则

1）遵守国家法律、法规和有关规定。

2）具有高度的责任心、爱岗敬业、团结合作。

3）严格执行相关标准、工作程序与规范、工艺文件和安全操作规程。

4）学习新知识和新技能、勇于开拓和创新。

5）爱护设备、系统及工具、夹具、量具。

6）着装整洁，符合规定；保持工作环境清洁有序，文明生产。

2. 基础知识

（1）基础理论知识

1）机械制图。

2）工程材料及金属热处理知识。

3）机电控制知识。

4）计算机基础知识。

5）专业英语基础。

（2）机械加工基础知识

1）机械原理。

2）常用设备知识（分类、用途、基本结构及维护保养方法）。

3）常用金属切削刀具的知识。

4）典型零件加工工艺。

5）设备润滑和切削液的使用方法。

6）工具、夹具、量具的使用与维护知识。

7）普通车工、钳工基本操作知识。

（3）安全文明生产与环境保护知识

1）安全操作与劳动保护知识。

2）文明生产知识。

3）环境保护知识。

（4）质量管理知识

1）企业的质量方针。

2）岗位质量要求。

3）岗位质量保证措施与责任。

（5）相关法律、法规知识

1）劳动法的相关知识。

2）环境保护法的相关知识。

3）知识产权保护法的相关知识。

三、工作要求

本标准对中级、高级、技师和高级技师的技能要求依次递进，高级别的要求涵盖低级别的要求。

1. 中级

职业功能	工作内容	技能要求	相关知识
一、加工准备	(一)读图与绘图	1. 能读懂中等复杂程度（如曲轴）的零件图 2. 能绘制简单的轴、盘类零件图 3. 能读懂进给机构、主轴系统的装配图	1. 复杂零件的表达方法 2. 简单零件图的画法 3. 零件三视图、局部视图和剖视图的画法 4. 装配图的画法
	(二)制订加工工艺	1. 能读懂复杂零件的数控车床加工工艺文件 2. 能编制简单零件（如轴、盘）的数控加工工艺文件	数控车床加工工艺文件的制订方法
	(三)零件定位与装夹	能使用通用夹具（如自定心卡盘、单动卡盘）进行零件的装夹与定位	1. 数控车床常用夹具的使用方法 2. 零件定位、装夹的原理和方法
	(四)刀具准备	1. 能够根据数控加工工艺文件选择、安装和调整数控车床常用刀具 2. 能够刃磨常用车削刀具	1. 金属切削与刀具磨损知识 2. 数控车床常用刀具的种类、结构和特点 3. 数控车床、零件材料、加工精度和工作效率对刀具的要求
二、数控编程	(一)手工编程	1. 能编制由直线、圆弧组成的二维轮廓的数控加工程序 2. 能编制螺纹的数控加工程序 3. 能够运用固定循环、子程序进行零件数控加工程序的编制	1. 数控编程知识 2. 直线插补和圆弧插补的原理 3. 坐标点的计算方法
	(二)计算机辅助编程	1. 能够使用计算机绘图设计软件绘制简单零件（如轴、盘、套）的零件图 2. 能够利用计算机绘图软件计算节点坐标	计算机绘图软件（二维）的使用方法
三、数控车床操作	(一)操作面板	1. 能够按照操作规程起动及停止机床 2. 能使用操作面板上的常用功能键（如回零、手动、MDI、修调等）	1. 熟悉数控车床操作说明书 2. 数控车床操作面板的使用方法
	(二)程序输入与编辑	1. 能够通过各种途径（如 DNC、网络等）输入加工程序 2. 能够通过操作面板编辑加工程序	1. 数控加工程序的输入方法 2. 数控加工程序的编辑方法 3. 网络知识
	(三)对刀	1. 能进行对刀并确定相关坐标系 2. 能设置刀具参数	1. 对刀的方法 2. 坐标系的知识 3. 刀具偏置补偿、半径补偿与刀具参数的输入方法
	(四)程序调试与运行	能够对程序进行校验、单步执行、空运行并完成零件试切	程序调试的方法

（续）

职业功能	工作内容	技能要求	相关知识
四、零件加工	（一）轮廓加工	1. 能进行轴、套类零件的加工，并达到以下要求 （1）尺寸公差等级：IT6 （2）几何公差公差等级：8 级 （3）表面粗糙度：*Ra*1.6μm 2. 能进行盘类、支架类零件的加工，并达到以下要求 （1）轴径公差等级：IT6 （2）孔径公差等级：IT7 （3）几何公差公差等级：8 级 （4）表面粗糙度：*Ra*1.6μm	1. 内、外径的车削加工方法、测量方法 2. 几何公差的测量方法 3. 表面粗糙度值的测量方法
	（二）螺纹加工	能进行单线等螺距的普通螺纹、锥螺纹的加工，并达到以下要求 （1）尺寸公差等级：IT6 ~ IT7 （2）几何公差公差等级：8 级 （3）表面粗糙度：*Ra*1.6μm	1. 常用螺纹的车削加工方法 2. 螺纹加工中的参数计算
	（三）槽类加工	能进行内径槽、外径槽和端面槽的加工，并达到以下要求 （1）尺寸公差等级：IT8 （2）几何公差公差等级：8 级 （3）表面粗糙度：*Ra*3.2μm	内、外径槽和端槽的加工方法
	（四）孔加工	能进行孔加工，并达到以下要求 （1）尺寸公差等级：IT7 （2）几何公差公差等级：8 级 （3）表面粗糙度：*Ra*3.2μm	孔的加工方法
	（五）零件精度检验	能够进行零件的长度、内外径、螺纹、角度的精度检验	1. 通用量具的使用方法 2. 零件精度检验及测量方法
五、数控车床维护与精度检验	（一）数控车床日常维护	能够根据说明书完成数控车床的定期及不定期维护保养，包括机械、电气、液压、数控系统的检查和日常保养等	1. 数控车床说明书 2. 数控车床日常保养方法 3. 数控车床操作规程 4. 数控系统（进口与国产数控系统）使用说明书
	（二）数控车床故障诊断	1. 能读懂数控系统的报警信息 2. 能发现数控车床的一般故障	1. 数控系统的报警信息 2. 机床的故障诊断方法
	（三）机床精度检验	能够检验数控车床的常规几何精度	数控车床常规几何精度的检验方法

2. 高级

职业功能	工作内容	技能要求	相关知识
一、加工准备	（一）读图与绘图	1. 能够读懂中等复杂程度（如刀架）的装配图 2. 能够根据装配图拆画零件图 3. 能够测绘零件	1. 根据装配图拆画零件图的方法 2. 零件的测绘方法
	（二）制订加工工艺	能编制复杂零件的数控车削加工工艺文件	复杂零件数控加工工艺文件的制订方法
	（三）零件定位与装夹	1. 能选择和使用数控车床组合夹具和专用夹具 2. 能分析并计算车床夹具的定位误差 3. 能够设计与自制装夹辅具（如心轴、轴套、定位件等）	1. 数控车床组合夹具和专用夹具的使用、调整方法 2. 专用夹具的使用方法 3. 夹具定位误差的分析与计算方法
	（四）刀具准备	1. 能够选择各种刀具及刀具附件 2. 能够根据难加工材料的特点，选择刀具的材料、结构和几何参数 3. 能够刃磨特殊车削刀具	1. 专用刀具的种类、用途、特点和刃磨方法 2. 切削难加工材料时的刀具材料和几何参数的确定方法
二、数控编程	（一）手工编程	能运用变量编程编制含有公式曲线的零件数控加工程序	1. 固定循环和子程序的编程方法 2. 变量编程的规则和方法
	（二）计算机辅助编程	能用计算机绘图软件绘制装配图	计算机绘图软件的使用方法
	（三）数控加工仿真	能利用数控加工仿真软件实施加工过程仿真以及加工代码检查、干涉检查、工时估算	数控加工仿真软件的使用方法
三、零件加工	（一）轮廓加工	能进行细长、薄壁零件的加工，并达到以下要求 （1）轴径公差等级：IT6 （2）孔径公差等级：IT7 （3）几何公差公差等级：8 级 （4）表面粗糙度：*Ra*1.6μm	细长、薄壁零件的加工特点及装夹、车削方法
	（二）螺纹加工	1. 能进行单线和多线等螺距的梯形螺纹、管螺纹的加工，并达到以下要求 （1）尺寸公差等级：IT6 （2）几何公差公差等级：8 级 （3）表面粗糙度：*Ra*1.6μm 2. 能进行变螺距螺纹的加工，并达到以下要求 （1）尺寸公差等级：IT6 （2）几何公差公差等级：7 级 （3）表面粗糙度：*Ra*1.6μm	1. 梯形螺纹、管螺纹加工中的参数计算 2. 变螺距螺纹的车削加工方法
	（三）孔加工	能进行深孔的加工，并达到以下要求 （1）尺寸公差等级：IT6 （2）几何公差公差等级：8 级 （3）表面粗糙度：*Ra*1.6μm	深孔的加工方法

（续）

职业功能	工作内容	技能要求	相关知识
三、零件加工	（四）配合件加工	能按装配图上的技术要求对配合件进行零件加工和组装，配合公差达到IT7级	套件的加工方法
	（五）零件精度检验	1. 能够在加工过程中使用百（千）分表等进行在线测量，并进行加工技术参数的调整 2. 能够进行多线螺纹的检验 3. 能进行加工误差分析	1. 百（千）分表的使用方法 2. 多线螺纹的精度检验方法 3. 误差分析方法
四、数控车床维护与精度检验	（一）数控车床日常维护	1. 能判断数控车床的一般机械故障 2. 能完成数控车床的定期维护保养	1. 数控车床机械故障的排除方法 2. 数控车床液压原理和常用液压元件相关知识
	（二）机床精度检验	1. 能够进行机床几何精度的检验 2. 能够进行机床切削精度的检验	1. 机床几何精度检验的内容及方法 2. 机床切削精度检验的内容及方法

3. 技师

职业功能	工作内容	技能要求	相关知识
一、加工准备	（一）读图与绘图	1. 能绘制装配图 2. 能读懂常用数控车床的机械结构图及装配图	1. 装配图的画法 2. 常用数控车床的机械原理图及装配图的画法
	（二）制订加工工艺	1. 能编制高难度、高精密、特殊材料零件的数控加工多工种工艺文件 2. 能对零件的数控加工工艺进行合理性分析，并提出改进建议 3. 能推广应用新知识、新技术、新工艺、新材料	1. 零件多工种工艺的分析方法 2. 数控加工工艺方案合理性的分析方法及改进措施 3. 特殊材料的加工方法 4. 新知识、新技术、新工艺、新材料
	（三）零件定位与装夹	能设计与制造零件的专用夹具	专用夹具的设计与制造方法
	（四）刀具准备	1. 能够依据切削条件和刀具条件估算刀具的使用寿命 2. 根据刀具寿命计算并设置相关参数 3. 能推广应用新刀具	1. 切削刀具的选用原则 2. 延长刀具使用寿命的方法 3. 刀具新材料、新技术 4. 刀具使用寿命的参数设定方法
二、数控编程	（一）手工编程	能够编制车削中心、车铣中心的三轴及三轴以上（含旋转轴）的加工程序	编制车削中心、车铣中心加工程序的方法
	（二）计算机辅助编程	1. 能用计算机辅助设计/制造软件进行车削零件的造型和生成加工轨迹 2. 能够利用不同的数控系统进行后置处理并生成加工代码	1. 三维造型和编辑 2. 计算机辅助设计/制造软件（三维）的使用方法
	（三）数控加工仿真	能够利用数控加工仿真软件分析和优化数控加工工艺	数控加工仿真软件的使用方法

（续）

职业功能	工作内容	技能要求	相关知识
三、零件加工	（一）轮廓加工	1. 能编制数控加工程序车削多拐曲轴，并达到以下要求 （1）直径公差等级：IT6 （2）表面粗糙度：$Ra1.6\mu m$ 2. 能编制数控加工程序对适合在车削中心上加工的带有车削、铣削等工序的复杂零件进行加工	1. 多拐曲轴车削加工的基本知识 2. 车削加工中心加工复杂零件的车削方法
	（二）配合件加工	能进行两件（含两件）以上具有多处尺寸链配合的零件加工与配合	多尺寸链配合的零件加工方法
	（三）零件精度检验	能根据测量结果对加工误差进行分析并提出改进措施	1. 精密零件的精度检验方法 2. 检具设计知识
四、数控车床维护与精度检验	（一）数控车床维护	1. 能够分析和排除液压和机械故障 2. 能借助字典阅读数控设备的主要外文信息	1. 数控车床常见故障诊断及排除方法 2. 数控车床专业外文知识
	（二）机床精度检验	能够进行机床定位精度、重复定位精度的检验	机床定位精度检验、重复定位精度检验的内容及方法
五、培训与管理	（一）操作指导	能指导本职业中级、高级进行实际操作	操作指导书的编制方法
	（二）理论培训	1. 能对本职业中级、高级和技师进行理论培训 2. 能系统地讲授各种切削刀具的特点和使用方法	1. 培训教材的编写方法 2. 切削刀具的特点和使用方法
	（三）质量管理	能在本职工作中认真贯彻各项质量标准	相关质量标准
	（四）生产管理	能协助部门领导进行生产计划、调度及人员的管理	生产管理基本知识
	（五）技术改造与创新	能够进行加工工艺、夹具、刀具的改进	数控加工工艺综合知识

4. 高级技师

职业功能	工作内容	技能要求	相关知识
一、工艺分析与设计	（一）读图与绘图	1. 能绘制复杂装配图 2. 能读懂常用数控车床的电气、液压原理图	1. 复杂工装设计方法 2. 常用数控车床电气、液压原理图的画法
	（二）制订加工工艺	1. 能对高难度、高精密零件的数控加工工艺方案进行优化并实施 2. 能编制多轴车削中心的数控加工工艺文件 3. 能够对零件加工工艺提出改进建议	1. 复杂、精密零件加工工艺的系统知识 2. 车削中心、车铣中心加工工艺文件编制方法

（续）

职业功能	工作内容	技能要求	相关知识
一、工艺分析与设计	（三）零件定位与装夹	能对现有的数控车床夹具进行误差分析并提出改进建议	误差分析方法
	（四）刀具准备	能根据零件要求设计刀具，并提出制造方法	刀具的设计与制造知识
二、零件加工	（一）异形零件加工	能解决高难度零件（如十字座类、连杆类、叉架类等异形零件）车削加工的技术问题，并制订工艺措施	高难度零件的加工方法
	（二）零件精度检验	能够制订高难度零件加工过程中的精度检验方案	在机械加工全过程中影响质量的因素及提高质量的措施
三、数控车床维护与精度检验	（一）数控车床维护	1. 能借助词典看懂数控设备的主要外文技术资料 2. 能够针对机床运行现状合理调整数控系统相关参数 3. 能根据数控系统报警信息判断数控车床故障	1. 数控车床专业外文知识 2. 数控系统报警信息
	（二）机床精度检验	能够进行机床定位精度、重复定位精度的检验	机床定位精度和重复定位精度的检验方法
	（三）数控设备网络化	能够借助网络设备和软件系统实现数控设备的网络化管理	数控设备网络接口及相关技术
四、培训与管理	（一）操作指导	能指导本职业中级、高级和技师进行实际操作	操作理论教学指导书的编写方法
	（二）理论培训	能对本职业中级、高级和技师进行理论培训	教学计划与大纲的编制方法
	（三）质量管理	能应用全面质量管理知识，实现操作过程的质量分析与控制	质量分析与控制方法
	（四）技术改造与创新	能够组织实施技术改造和创新，并撰写相应的论文	科技论文的撰写方法

四、比重表

1. 理论知识

项　　目		中级（%）	高级（%）	技师（%）	高级技师（%）
基本要求	职业道德	5	5	5	5
	基础知识	20	20	15	15

项　　目		中级（%）	高级（%）	技师（%）	高级技师（%）
相关知识	加工准备	15	15	30	—
	数控编程	20	20	10	—
	数控车床操作	5	5	—	—
	零件加工	30	30	20	15
	数控车床维护与精度检验	5	5	10	10
	培训与管理	—	—	10	15
	工艺分析与设计	—	—	—	40
合　　计		100	100	100	100

2. 技能操作

项　　目		中级（%）	高级（%）	技师（%）	高级技师（%）
技能要求	加工准备	10	10	20	—
	数控编程	20	20	30	—
	数控车床操作	5	5	—	—
	零件加工	60	60	40	45
	数控车床维护与精度检验	5	5	5	10
	培训与管理	—	—	5	10
	工艺分析与设计	—	—	—	35
合　　计		100	100	100	100

参考文献

[1] 朱明松．数控车床编程与操作项目教程［M］．北京：机械工业出版社，2008.

[2] 张磊光．数控车削编程与加工技术［M］．北京：高等教育出版社，2005.

[3] 顾京．数控加工编程及操作［M］．北京：高等教育出版社，2004.

[4] 胡桂兰，徐晓光．机械工安全知识读本［M］．北京：机械工业出版社，2012.

[5] 郑颂波．中职数控车工操作实训教学改革的思考［J］．中小企业管理与科技：职业教育版，2014，35（1）：260－261.

机械零件数控车削加工

任务工单

班级：__________

姓名：__________

学号：__________

目　录

情境一　安全生产与设备保养

安全生产与设备保养任务工单

<table>
<tr><td>任务名称</td><td colspan="2">安全生产与设备保养</td><td colspan="2">学时</td><td></td><td>班级</td><td></td></tr>
<tr><td>姓名</td><td></td><td>学号</td><td></td><td>组别</td><td></td><td>任务成绩</td><td></td></tr>
<tr><td>实训设备</td><td colspan="2"></td><td colspan="2">实训场地</td><td></td><td>日期</td><td></td></tr>
<tr><td>学习任务</td><td colspan="7">学习机械加工车间纪律和操作规范要求
掌握数控车床安全操作规程
熟悉数控车床日常维护保养</td></tr>
<tr><td>任务目的</td><td colspan="7">掌握机械加工车间纪律和操作规范要求，在以后的学习和工作中严格按照规范操作，避免人身和设备事故发生</td></tr>
</table>

咨询

数控车床如任务图1所示

任务图1

1. 举出工厂中的1~2个安全事故案例（可通过互联网查询）

2. 数控车床日常维护保养有哪些项目

（续）

<table>
<tr><td>决策与计划</td><td colspan="7">1. 分析案例中产生安全事故的主要原因

2. 在以后的工作生产过程中应如何避免安全事故的发生</td></tr>
<tr><td>实施</td><td colspan="7">抄写安全操作规程</td></tr>
<tr><td>检查</td><td colspan="7">按照分组，相互检查和补充、完善实施内容，师生共同讨论</td></tr>
<tr><td rowspan="10">评价</td><td>自我评价</td><td colspan="5"></td><td>评分（满分10）</td></tr>
<tr><td rowspan="7">组内互评</td><td>学号</td><td>姓名</td><td>评分（满分10）</td><td>学号</td><td>姓名</td><td>评分（满分10）</td></tr>
<tr><td></td><td></td><td></td><td></td><td></td><td></td></tr>
<tr><td></td><td></td><td></td><td></td><td></td><td></td></tr>
<tr><td></td><td></td><td></td><td></td><td></td><td></td></tr>
<tr><td></td><td></td><td></td><td></td><td></td><td></td></tr>
<tr><td></td><td></td><td></td><td></td><td></td><td></td></tr>
<tr><td colspan="6">注意：最高分与最低分相差最少 3 分，同分者最多 3 人，某一成员分数不得超平均分 ±3</td></tr>
<tr><td>小组互评</td><td colspan="5"></td><td>评分（满分10）</td></tr>
<tr><td>教师评价</td><td colspan="5"></td><td>评分（满分10）</td></tr>
</table>

情境二　传动轴的加工

短圆柱的加工任务工单（一）

<table>
<tr><td>任务名称</td><td colspan="2">认识数控车床</td><td>学时</td><td></td><td>班级</td><td></td></tr>
<tr><td>姓名</td><td></td><td>学号</td><td></td><td>组别</td><td>任务成绩</td><td></td></tr>
<tr><td>实训设备</td><td colspan="2"></td><td>实训场地</td><td></td><td>日期</td><td></td></tr>
<tr><td>学习任务</td><td colspan="6">调查现在市场、工厂里的数控车削设备有哪些
它们的结构组成是什么
它们能够加工什么</td></tr>
<tr><td>任务目的</td><td colspan="6">通过观察，了解数控车床的结构，加工范围，以及它所使用的工、夹、量具</td></tr>
<tr><td>咨询</td><td colspan="6">数控车床的基本认识
1. 数控车床的组成

2. 数控车床的分类
按系统分类：

按进给伺服系统分类：</td></tr>
</table>

（续）

决策与计划	根据数控车床的运动特点，列举几样生活中常见的能够在数控车床上加工的机械零件，确定出加工所要使用的夹具、刀具、量具，并对小组成员进行合理分工，制订详细的加工工艺计划 1. 绘制零件简图 2. 写出需要使用的夹具、刀具、量具 夹具： 刀具： 量具： 3. 小组人员分工 4. 加工此零件的步骤
实施	根据所学知识，查阅资料，列举数控车床上的常用夹具、工具、刀具、量具等物品，并写出其功用 夹具： 工具： 刀具： 量具：

（续）

<table>
<tr><td>检查</td><td colspan="7">按照分组，相互检查和补充、完善实施内容，师生共同讨论</td></tr>
<tr><td rowspan="11">评价</td><td rowspan="2">自我评价</td><td colspan="5" rowspan="2"></td><td>评分（满分10）</td></tr>
<tr><td></td></tr>
<tr><td rowspan="7">组内互评</td><td>学号</td><td>姓名</td><td>评分（满分10）</td><td>学号</td><td>姓名</td><td>评分（满分10）</td></tr>
<tr><td></td><td></td><td></td><td></td><td></td><td></td></tr>
<tr><td></td><td></td><td></td><td></td><td></td><td></td></tr>
<tr><td></td><td></td><td></td><td></td><td></td><td></td></tr>
<tr><td></td><td></td><td></td><td></td><td></td><td></td></tr>
<tr><td></td><td></td><td></td><td></td><td></td><td></td></tr>
<tr><td colspan="6">注意：最高分与最低分相差最少3分，同分者最多3人，某一成员分数不得超平均分±3</td></tr>
<tr><td>小组互评</td><td colspan="5"></td><td>评分（满分10）
</td></tr>
<tr><td>教师评价</td><td colspan="5"></td><td>评分（满分10）
</td></tr>
</table>

短圆柱的加工任务工单（二）

<table>
<tr><td>任务名称</td><td colspan="3">数控车床基本操作</td><td>学时</td><td></td><td>班级</td><td></td></tr>
<tr><td>姓名</td><td></td><td>学号</td><td></td><td>组别</td><td></td><td>任务成绩</td><td></td></tr>
<tr><td>实训设备</td><td colspan="3"></td><td>实训场地</td><td></td><td>日期</td><td></td></tr>
<tr><td>学习任务</td><td colspan="7">知道 GSK980Tb 数控系统车床面板的功能</td></tr>
<tr><td>任务目的</td><td colspan="7">通过教师的讲解，了解数控车床的基本运动，掌握数控车床的坐标系方向，掌握数控车床上各按键的功能</td></tr>
</table>

咨询

本任务零件如任务图 2 所示

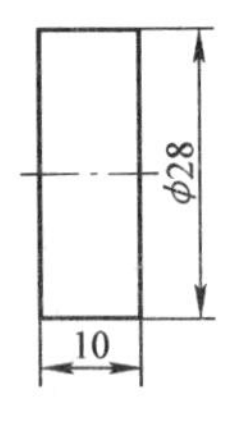

任务图 2

1. 数控车床的运动有哪些

2. 数控车床换刀位置应如何选择

3. 在移动滑板时应注意什么问题？从移动方向、移动速度、刀架或刀具位置等方面作答

4. 试切对刀的步骤有哪些

5. 数控车床常用指令有哪些

6. G00、G01 指令的格式是什么

（续）

决策与计划	1. 填写表 2-2 数控车床刀具调整卡 2. 填写表 2-3 数控加工工序卡 3. 填写表 2-5 车削短圆柱数控加工程序示例
实施	操作数控车床 1. 数控车床的正常开机 2. 显示页面的切换：位置、程序、刀补、设置、报警、诊断 3. 工作方式的切换：编辑、自动、录入、回零、手动、手轮 4. 手动方式的操作：主轴正转与停止、刀架换刀、滑板移动（*X* 轴、*Z* 轴）、快移与进给切换、倍率修调 5. 录入方式的操作：刀架换刀、滑板移动（*X* 轴、*Z* 轴） 6. 对刀操作

（续）

<table>
<tr><td>检查</td><td colspan="7">按照分组，相互检查和补充、完善实施内容，师生共同讨论</td></tr>
<tr><td rowspan="9">评价</td><td>自我评价</td><td colspan="5"></td><td>评分（满分10）</td></tr>
<tr><td rowspan="7">组内互评</td><td>学号</td><td>姓名</td><td>评分（满分10）</td><td>学号</td><td>姓名</td><td>评分（满分10）</td></tr>
<tr><td></td><td></td><td></td><td></td><td></td><td></td></tr>
<tr><td></td><td></td><td></td><td></td><td></td><td></td></tr>
<tr><td></td><td></td><td></td><td></td><td></td><td></td></tr>
<tr><td></td><td></td><td></td><td></td><td></td><td></td></tr>
<tr><td></td><td></td><td></td><td></td><td></td><td></td></tr>
<tr><td colspan="6">注意：最高分与最低分相差最少3分，同分者最多3人，某一成员分数不得超平均分±3</td></tr>
<tr><td>小组互评</td><td colspan="5"></td><td>评分（满分10）</td></tr>
<tr><td></td><td>教师评价</td><td colspan="5"></td><td>评分（满分10）</td></tr>
</table>

阶梯轴的加工任务工单

任务名称	队梯轴的加工			学时		班级	
姓名		学号		组别		任务成绩	
实训设备				实训场地		日期	
学习任务	能够用 GSK980Tb 数控系统车床加工阶梯轴						
任务目的	查阅资料，学习数控车床的基本加工流程与操作方法，加工阶梯轴						

咨询

本任务零件如任务图 3 所示

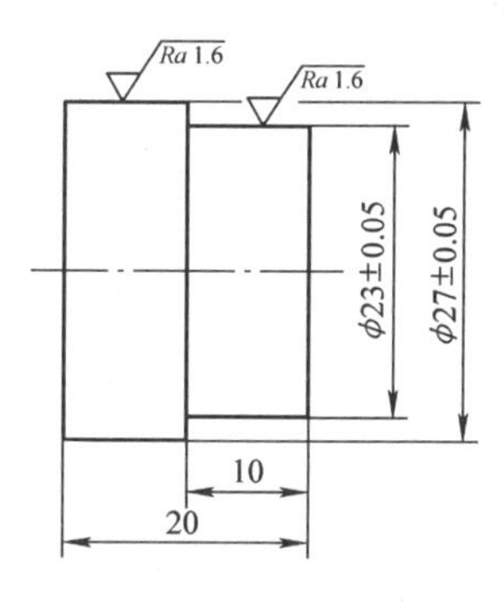

任务图 3

1. 阶梯轴的工件坐标系如何确定

2. 计算出零件各节点坐标

3. 阶梯轴用什么刀具加工

（续）

决策与计划	1. 填写表 2-11 数控车床刀具调整卡 2. 填写表 2-12 数控加工工序卡 3. 填写表 2-14 车削阶梯轴加工程序示例
实施	操作数控车床： 1. 检查数控车床并正常开机 2. 将加工程序录入到数控系统中 3. 校验程序并修改 4. 装夹工件、刀具并完成对刀 5. 自动加工零件 6. 测量零件并调整尺寸 7. 上交生产产品

（续）

<table>
<tr><td>检查</td><td colspan="7">按照分组，相互检查和补充、完善实施内容，师生共同讨论</td></tr>
<tr><td rowspan="13">评价</td><td rowspan="2">自我评价</td><td colspan="5" rowspan="2"></td><td>评分（满分10）</td></tr>
<tr><td></td></tr>
<tr><td rowspan="7">组内互评</td><td>学号</td><td>姓名</td><td>评分（满分10）</td><td>学号</td><td>姓名</td><td>评分（满分10）</td></tr>
<tr><td></td><td></td><td></td><td></td><td></td><td></td></tr>
<tr><td></td><td></td><td></td><td></td><td></td><td></td></tr>
<tr><td></td><td></td><td></td><td></td><td></td><td></td></tr>
<tr><td></td><td></td><td></td><td></td><td></td><td></td></tr>
<tr><td></td><td></td><td></td><td></td><td></td><td></td></tr>
<tr><td colspan="6">注意：最高分与最低分相差最少3分，同分者最多3人，某一成员分数不得超平均分±3</td></tr>
<tr><td rowspan="2">小组互评</td><td colspan="5" rowspan="2"></td><td>评分（满分10）</td></tr>
<tr><td></td></tr>
<tr><td rowspan="2">教师评价</td><td colspan="5" rowspan="2"></td><td>评分（满分10）</td></tr>
<tr><td></td></tr>
</table>

情境三　锥度轴的加工

锥度轴的加工任务工单

任务名称	锥齿轮坯的加工			学时		班级	
姓名		学号		组别		任务成绩	
实训设备				实训场地		日期	
学习任务	能够用 GSK980Tb 数控系统车床制作锥度轴						
任务目的	查阅资料，学习数控车床刀具的走刀轨迹安排、坐标点计算、工件检测方法和 G00、G01 指令的应用并编制加工程序，加工锥度轴						

咨询

本任务零件如任务图 4 所示

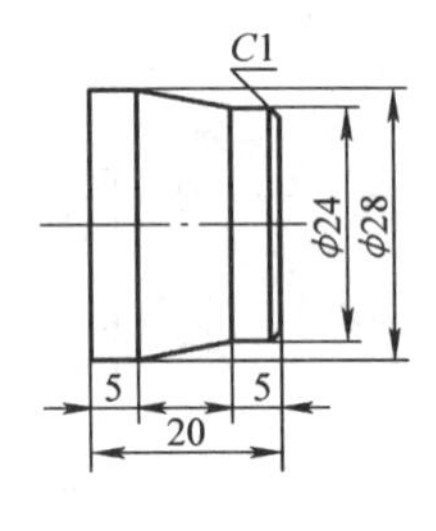

任务图 4

1. 锥度轴的工件坐标系如何确定

2. 加工锥度的刀具选择有什么要求

3. 齿轮毛坯用什么刀具加工

（续）

决策与计划	1. 填写表3-2数控车床刀具调整卡 2. 填写表3-3数控加工工序卡 3. 填写表3-5锥度轴数控加工程序示例
实施	操作数控车床 1. 检查数控车床并正常开机 2. 将加工程序录入数控系统 3. 校验程序并修改 4. 装夹工件、刀具并完成对刀 5. 自动加工零件 6. 测量零件并调整尺寸 7. 上交生产产品
检查	按照分组，相互检查和补充、完善实施内容，师生共同讨论

（续）

<table>
<tr><td rowspan="11">评价</td><td rowspan="2">自我评价</td><td colspan="5" rowspan="2"></td><td>评分（满分10）</td></tr>
<tr><td></td></tr>
<tr><td rowspan="7">组内互评</td><td>学号</td><td>姓名</td><td>评分（满分10）</td><td>学号</td><td>姓名</td><td>评分（满分10）</td></tr>
<tr><td></td><td></td><td></td><td></td><td></td><td></td></tr>
<tr><td></td><td></td><td></td><td></td><td></td><td></td></tr>
<tr><td></td><td></td><td></td><td></td><td></td><td></td></tr>
<tr><td></td><td></td><td></td><td></td><td></td><td></td></tr>
<tr><td></td><td></td><td></td><td></td><td></td><td></td></tr>
<tr><td colspan="6">注意：最高分与最低分相差最少3分，同分者最多3人，某一成员分数不得超平均分 ±3</td></tr>
<tr><td>小组互评</td><td colspan="5"></td><td>评分（满分10）

</td></tr>
<tr><td>教师评价</td><td colspan="5"></td><td>评分（满分10）

</td></tr>
</table>

情境四　发动机带轮的加工

发动机带轮的加工任务工单

<table>
<tr><td>任务名称</td><td colspan="3">发动机带轮的加工</td><td colspan="2">学时</td><td></td><td>班级</td><td></td></tr>
<tr><td>姓名</td><td></td><td>学号</td><td colspan="2"></td><td>组别</td><td></td><td>任务成绩</td><td></td></tr>
<tr><td>实训设备</td><td colspan="3"></td><td colspan="2">实训场地</td><td></td><td>日期</td><td></td></tr>
<tr><td>学习任务</td><td colspan="8">能够用 GSK980Tb 数控系统车床加工发动机带轮</td></tr>
<tr><td>任务目的</td><td colspan="8">查阅资料，学习数控车床刀具的走刀轨迹安排、坐标点计算、工件检测方法和 G00、G01、G04 指令的应用并编制加工程序，加工发动机带轮</td></tr>
<tr><td>咨询</td><td colspan="8">本任务零件如任务图 5 所示
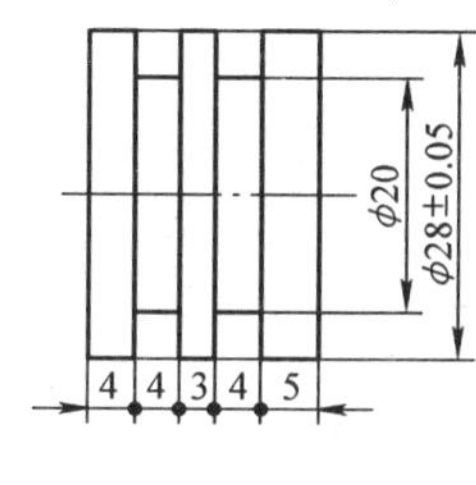

任务图 5

1. 车槽刀具如何选用

2. 数控车床车槽加工注意事项有哪些

3. 车槽时切削三要素如何选择</td></tr>
</table>

（续）

决策与计划	1. 填写表 4-2 数控车床刀具调整卡 2. 填写表 4-3 数控加工工序卡 3. 填写表 4-4 外沟槽零件数控加工程序示例
实施	操作数控车床 1. 检查数控车床并正常开机 2. 将加工程序录入数控系统 3. 校验程序并修改 4. 装夹工件、刀具并完成对刀 5. 自动加工零件 6. 测量零件并调整尺寸 7. 上交生产产品
检查	按照分组，相互检查和补充、完善实施内容，师生共同讨论

（续）

<table>
<tr><td rowspan="11">评价</td><td rowspan="2">自我评价</td><td colspan="5"></td><td>评分（满分10）</td></tr>
<tr><td colspan="5"></td><td></td></tr>
<tr><td rowspan="7">组内互评</td><td>学号</td><td>姓名</td><td>评分（满分10）</td><td>学号</td><td>姓名</td><td>评分（满分10）</td></tr>
<tr><td></td><td></td><td></td><td></td><td></td><td></td></tr>
<tr><td></td><td></td><td></td><td></td><td></td><td></td></tr>
<tr><td></td><td></td><td></td><td></td><td></td><td></td></tr>
<tr><td></td><td></td><td></td><td></td><td></td><td></td></tr>
<tr><td></td><td></td><td></td><td></td><td></td><td></td></tr>
<tr><td colspan="6">注意：最高分与最低分相差最少3分，同分者最多3人，某一成员分数不得超平均分±3</td></tr>
<tr><td>小组互评</td><td colspan="5"></td><td>评分（满分10）</td></tr>
<tr><td>教师评价</td><td colspan="5"></td><td>评分（满分10）</td></tr>
</table>

情境五　成形面零件的加工

简单成形面零件的加工任务工单

任务名称	简单成形面零件的加工		学时		班级	
姓名		学号		组别		任务成绩	
实训设备			实训场地		日期	
学习任务	能够用 GSK980Tb 数控系统车床加工简单成形面零件					
任务目的	通过资料查阅，学习数控车床刀具的走刀轨迹安排、坐标点计算、工件检测方法和 G02、G03 指令应用并编制加工程序，加工简单成形面零件					

咨询

本任务的零件如任务图 6 所示

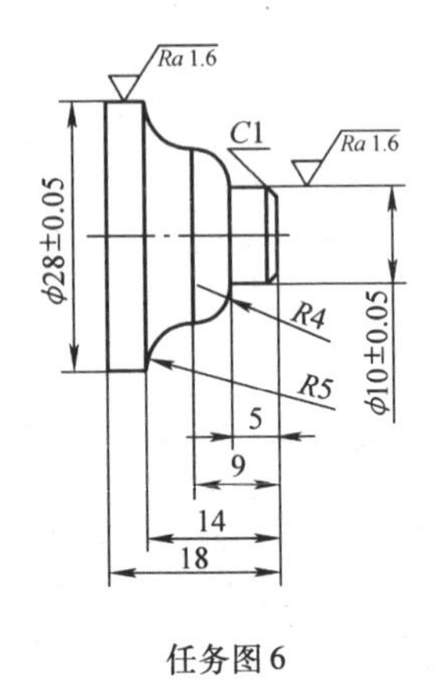

任务图 6

1. 如何选用圆弧加工刀具

2. 圆弧编程的注意事项有哪些

3. 切削圆弧时，如何选择切削三要素

（续）

决策与计划	1. 填写表 5-2 数控车床刀具调整卡 2. 填写表 5-3 数控加工工序卡 3. 填写表 5-4 圆弧面零件加工程序示例
实施	操作数控车床 1. 检查数控车床并正常开机 2. 将加工程序录入数控系统 3. 校验程序并修改 4. 装夹工件、刀具并完成对刀 5. 自动加工零件 6. 测量零件并调整尺寸 7. 上交生产产品

（续）

<table>
<tr><td>检查</td><td colspan="7">按照分组，相互检查和补充、完善实施内容，师生共同讨论</td></tr>
<tr><td rowspan="16">评价</td><td rowspan="2">自我评价</td><td colspan="5" rowspan="2"></td><td>评分（满分 10）</td></tr>
<tr><td></td></tr>
<tr><td rowspan="7">组内互评</td><td>学号</td><td>姓名</td><td>评分（满分 10）</td><td>学号</td><td>姓名</td><td>评分（满分 10）</td></tr>
<tr><td></td><td></td><td></td><td></td><td></td><td></td></tr>
<tr><td></td><td></td><td></td><td></td><td></td><td></td></tr>
<tr><td></td><td></td><td></td><td></td><td></td><td></td></tr>
<tr><td></td><td></td><td></td><td></td><td></td><td></td></tr>
<tr><td></td><td></td><td></td><td></td><td></td><td></td></tr>
<tr><td colspan="6">注意：最高分与最低分相差最少 3 分，同分者最多 3 人，某一成员分数不得超平均分 ±3</td></tr>
<tr><td rowspan="2">小组互评</td><td colspan="5" rowspan="2"></td><td>评分（满分 10）</td></tr>
<tr><td></td></tr>
<tr><td rowspan="2">教师评价</td><td colspan="5" rowspan="2"></td><td>评分（满分 10）</td></tr>
<tr><td></td></tr>
</table>

情境六　连接螺栓的加工

连接螺栓的加工任务工单

<table>
<tr><td>任务名称</td><td colspan="3">连接螺栓的加工</td><td colspan="2">学时</td><td></td><td>班级</td><td></td></tr>
<tr><td>姓名</td><td></td><td>学号</td><td colspan="2"></td><td>组别</td><td></td><td>任务成绩</td><td></td></tr>
<tr><td>实训设备</td><td colspan="3"></td><td colspan="2">实训场地</td><td></td><td>日期</td><td></td></tr>
<tr><td>学习任务</td><td colspan="8">能够用 GSK980Tb 数控系统车床加工连接螺栓零件</td></tr>
<tr><td>任务目的</td><td colspan="8">查阅资料，学习数控车床刀具的走刀轨迹安排、坐标点计算、工件检测方法和 G32、G92 指令应用并编制加工程序，加工连接螺栓零件</td></tr>
</table>

咨询

本任务零件如任务图 7 所示

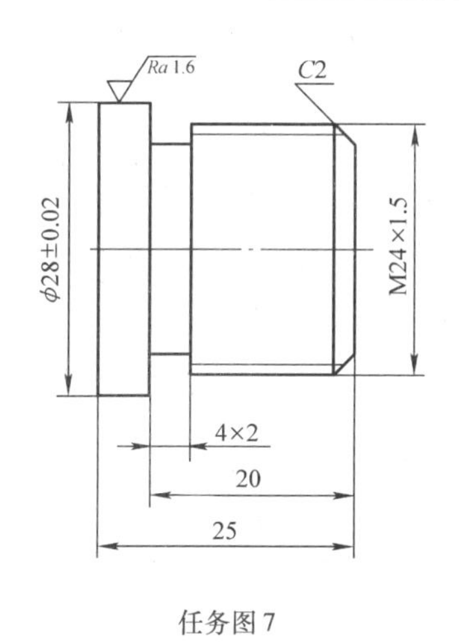

任务图 7

1. 螺纹的种类有哪些

2. 如何选用螺纹加工刀具

3. 螺纹加工编程的注意事项有哪些

4. 加工螺纹时，切削三要素如何选择

（续）

决策与计划	1. 填写表 6-2 数控车床刀具调整卡 2. 填写表 6-3 数控加工工序卡 3. 填写表 6-4 螺纹连接件数控加工程序示例
实施	操作数控车床 1. 检查数控车床并正常开机 2. 将加工程序录入数控系统 3. 校验程序并修改 4. 装夹工件、刀具并完成对刀 5. 自动加工零件 6. 测量零件并调整尺寸 7. 上交生产产品

（续）

<table>
<tr><td>检查</td><td colspan="7">按照分组，相互检查和补充、完善实施内容，师生共同讨论</td></tr>
<tr><td rowspan="10">评价</td><td>自我评价</td><td colspan="5"></td><td>评分（满分10）

</td></tr>
<tr><td rowspan="7">组内互评</td><td>学号</td><td>姓名</td><td>评分（满分10）</td><td>学号</td><td>姓名</td><td>评分（满分10）</td></tr>
<tr><td></td><td></td><td></td><td></td><td></td><td></td></tr>
<tr><td></td><td></td><td></td><td></td><td></td><td></td></tr>
<tr><td></td><td></td><td></td><td></td><td></td><td></td></tr>
<tr><td></td><td></td><td></td><td></td><td></td><td></td></tr>
<tr><td></td><td></td><td></td><td></td><td></td><td></td></tr>
<tr><td colspan="6">注意：最高分与最低分相差最少 3 分，同分者最多 3 人，某一成员分数不得超平均分 ±3</td></tr>
<tr><td>小组互评</td><td colspan="5"></td><td>评分（满分10）

</td></tr>
<tr><td>教师评价</td><td colspan="5"></td><td>评分（满分10）

</td></tr>
</table>

情境七　综合零件的加工

综合零件的加工任务工单

<table>
<tr><td>任务名称</td><td colspan="3">综合零件的加工</td><td>学时</td><td colspan="2"></td><td>班级</td><td></td></tr>
<tr><td>姓名</td><td></td><td>学号</td><td></td><td>组别</td><td colspan="2"></td><td>任务成绩</td><td></td></tr>
<tr><td>实训设备</td><td colspan="3"></td><td>实训场地</td><td colspan="2"></td><td>日期</td><td></td></tr>
<tr><td>学习任务</td><td colspan="8">能够用 GSK980Tb 数控系统车床加工综合零件</td></tr>
<tr><td>任务目的</td><td colspan="8">查阅资料，学习数控车床刀具的走刀轨迹安排、坐标点计算、工件检测方法和各种指令应用并编制加工程序，加工综合零件</td></tr>
</table>

咨询

本任务的零件如任务图 8 所示

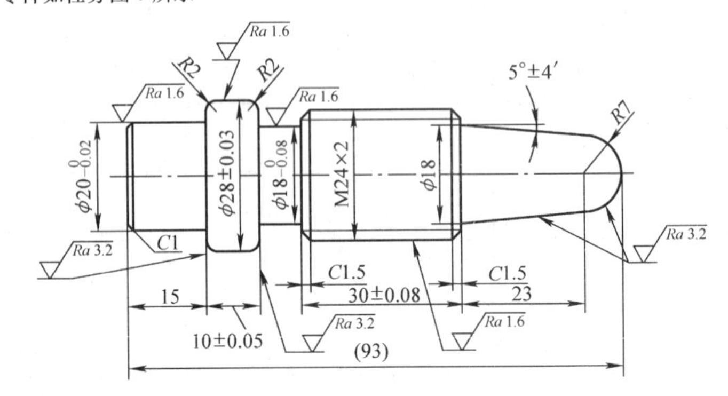

任务图 8

1. 综合零件的装夹应注意哪些问题

2. 如何选用螺纹加工刀具

3. 列举螺纹编程的注意事项

4. 车削螺纹时，切削三要素如何选择

（续）

决策与计划	1. 填写表 7-1 数控车床刀具调整卡 2. 填写表 7-2 数控加工工序卡 3. 填写表 7-3 综合零件数控加工程序示例
实施	操作数控车床 1. 检查数控车床并正常开机 2. 将加工程序录入数控系统 3. 校验程序并修改 4. 装夹工件、刀具并完成对刀 5. 自动加工零件 6. 测量零件并调整尺寸 7. 上交生产产品

（续）

<table>
<tr><td>检查</td><td colspan="7">按照分组，相互检查和补充、完善实施内容，师生共同讨论</td></tr>
<tr><td rowspan="10">评价</td><td>自我评价</td><td colspan="6">评分（满分 10）</td></tr>
<tr><td rowspan="7">组内互评</td><td>学号</td><td>姓名</td><td>评分（满分 10）</td><td>学号</td><td>姓名</td><td>评分（满分 10）</td></tr>
<tr><td></td><td></td><td></td><td></td><td></td><td></td></tr>
<tr><td></td><td></td><td></td><td></td><td></td><td></td></tr>
<tr><td></td><td></td><td></td><td></td><td></td><td></td></tr>
<tr><td></td><td></td><td></td><td></td><td></td><td></td></tr>
<tr><td></td><td></td><td></td><td></td><td></td><td></td></tr>
<tr><td colspan="6">注意：最高分与最低分相差最少 3 分，同分者最多 3 人，某一成员分数不得超平均分 ±3</td></tr>
<tr><td>小组互评</td><td colspan="6">评分（满分 10）</td></tr>
<tr><td>教师评价</td><td colspan="6">评分（满分 10）</td></tr>
</table>